老年安全风险防范

主 编　王　英　高艳红　马洪杰

U0320134

科学出版社

北 京

内 容 简 介

本书共分为 20 章，通过对老年人常见突发疾病、常见及潜在安全风险进行介绍，以满足家庭自我护理的需要，指导家庭成员对老年人的安全风险进行有效的预防及处理，有利于促进老年人生理、心理及社交健康。

本书内容通俗易懂，并辅以相应的图片，便于阅读与理解，适宜于老年人、家属、陪护人员及对老年保健知识感兴趣的读者阅读，是家庭养老的必备书。

图书在版编目(CIP)数据

老年安全风险防范 / 王英，高艳红，马洪杰主编. —北京：科学出版社，2016.9
ISBN 978-7-03-049728-4

Ⅰ. 老… Ⅱ. ①王… ②高… ③马… Ⅲ. 老年人–安全–知识
Ⅳ. X956

中国版本图书馆 CIP 数据核字 (2016) 第 206542 号

责任编辑：郝文娜　杨卫华 / 责任校对：张怡君
责任印制：李　彤 / 封面设计：陈　敬

版权所有，违者必究。未经本社许可，数字图书馆不得使用

斜 学 出 版 社 出版
北京东黄城根北街 16 号
邮政编码：100717
http://www.sciencep.com

北京凌奇印刷有限责任公司 印刷
科学出版社发行　各地新华书店经销
*

2016 年 9 月第　一　版　开本：A5（890×1240）
2023 年 1 月第二次印刷　印张：4　1/4
字数：78 000
定价：**28.00 元**
（如有印装质量问题，我社负责调换）

《老年安全风险防范》编写人员

主　编	王　英	高艳红	马洪杰
副主编	刘万芳	宫静萍	管晓萍

编　者　（按姓氏笔画排序）

于　云	马洪杰	王　曼	王月兵
王文妍	王赫男	刘万芳	李　红
李冬梅	杨玉兰	沈志奇	张向兰
张滢洁	林红兰	罗　敏	陕海丽
郝婉婷	徐　莎	梁秀丽	魏　巍

前　言

随着经济的发展、社会的进步，人口老龄化已成为一个日趋严重的世界性社会问题。老年期的典型特征是"老"，即老化、衰老，由生理功能开始，不仅体现在外观形态，还反映在内部细胞、组织器官、免疫功能、自理能力等方面。

伴随着机体的衰老，老年人容易出现如跌倒、走失、烫伤、误吸、突发病情改变等安全风险。生活中发生"万一"是在所难免的，老年人若能掌握一些必要的急救知识，及时采取应急措施，则能够有效避免潜在危险的发生，防止病情的进一步恶化，为抢救创造有利条件，甚至转危为安。

在编写本书过程中，各编者参考了国内外有关资料并借鉴了大量临床经验，吸取了当前护理学科发展的新内容，较好地反映了当前有关老年人安全风险防范的知识点。对于书中不足之处，欢迎读者批评指正。

王　英

2016 年 7 月 28 日

目　　录

第 1 章
跌　倒

1. 为什么老年人更容易发生跌倒事件?

从心理方面而言,有些老年人害怕跌倒,能不走尽量不走,这反而丧失了锻炼机会,长此以往,肌肉肌力及协调能力下降,增加了跌倒的风险。而有些老年人个性、独立性较强,往往容易忽视有发生跌倒的风险。

从生理方面而言,随着年龄的增长,老年人身体的各项机能会发生明显的改变。例如,神经系统控制能力减弱,导致老年人反应时间延长;骨骼、肌肉、关节功能减弱,导致老年人步态不稳、下肢乏力;服用药物的不良反应对老年人平衡能力、步态及视觉都有一定程度的影响。

2. 如何确定自己发生跌倒的危险性较大?

请您回答以下 13 个问题,如果您有以下多种情况,请立即开始进行跌倒的预防!

(1) 您的年龄大于 60 岁吗?

(2) 您在家中摔倒过吗?

（3）您经常感觉头晕、乏力吗？

（4）您走路稳吗？

（5）您视力好吗？

（6）您听力好吗？

（7）您有过脑卒中发作吗？

（8）您有帕金森综合征吗？

（9）您有关节炎吗？

（10）您有高血压吗？

（11）您有糖尿病吗？

（12）您有骨质疏松吗？

（13）您经常感觉心情不好吗？

3. 预防跌倒，老年人应如何调节自己的心态？

学会改变——慢下来。适应"慢"生活，从容而优雅。

学会忘记——乐开怀。老子有云"乐莫大于无忧，福莫大于知足"，从现在开始，忘却曾经的忧伤。

学会接受——得服老。接受体力下降，接受反应能力下降，接受自己需要别人的帮助。

4. 老年人如何正确穿衣穿鞋？

衣服——老年人的衣着应以保暖、柔软、宽松、舒适、简单、穿脱方便为原则。您至少要有一套运动装，夏季有太阳镜、遮阳帽；冬季有保暖衣、围巾、手套、护膝等。避免穿化纤类衣服，以及套头衫、弹力裤、裤腿长的裤子。

鞋——适宜穿：运动鞋、舒适柔软的皮鞋、雨天专用的雨鞋、登山鞋、防滑拖鞋。不宜穿：不防滑的拖鞋、鞋底薄窄的鞋、高跟鞋、鞋底光滑的鞋、较硬的鞋。一双适合您的鞋子是防跌倒的安全保障！

5. 老年人如何选择老花镜和拐杖？

老花镜——合适的老花镜：能看清报纸上最小的字，字体不变形，不出现走路头晕、视物不清等。验光后，根据度数购买成品或定配，不可随意买来就戴。每隔一年复查视力，随时调整镜片度数。

拐杖——如果您经常感觉走路不稳或腿发软，就要考虑购买拐杖了。选择可调节长度的拐杖（最好选择四爪拐杖），握住手柄时前臂和上臂垂线角度以 20°～30° 为宜，手柄握着舒适、牢靠。选择橡胶材质的防滑头，定期检查更换。拐杖重量一般以 250～350g 为宜，坚固耐用，重量适中。

6. 老年人居家安全应该注意什么？

（1）灯管要亮，室内不堆放杂物。

（2）门口地垫要防滑，换鞋处放置凳子。

（3）沙发不要太软，地上电线不宜太多。

（4）躺在床上伸手可以够着灯的开关或电话，卧室安装小夜灯。

（5）卫生间有防滑垫，淋浴或者浴缸洗浴时周围有扶手或沐浴凳，马桶旁边有扶手。

（6）阳台、厨房使用防滑地砖，安装升降式晾衣杆，切忌爬梯子找东西。

（7）家里格局定下来后不要轻易变动，在熟悉的环境中才是最安全的。

７. 老年人出行安全应该注意什么？

（1）三个半分钟：睡觉醒来不要马上起床，先躺在床上半分钟至完全清醒；起来后在床上坐半分钟；两腿垂下在床沿上再坐半分钟。掌握好起床的"三个半分钟"，可有效防范跌倒的发生。

（2）上下楼梯"一二三"：上下楼梯要做到："一扶二看三踏脚"。扶住扶手，看清地面再下脚，脚底要完全踏在台阶上再起步，不要同时跨过几级台阶，避免走陡的楼梯或者台阶。

（3）出行切记"慢"和"稳"：出行最好不骑自行车。雨天和夜间减少出行，避免去人多的地方。避免快站和快蹲，以防头晕而发生跌倒。从亮处走到暗处，要等 1～2 分钟，待眼睛适应后再走动。行走时，如出现头晕或者胸闷等不适症状，应立即停下休息。若无好转，立即拨打"120"或"999"电话求助。

（4）出行必备"五锦囊"

1）家属：出门应有家属陪同。

2）拐杖：带上合适的拐杖。

3）急救药：如有心脑血管疾病，随身携带急救药品。

4）急救工具：备小口哨和手机，以便跌倒后及时求救。

5）联络卡：有糖尿病或年龄大的老人外出时，最好携带联络卡（卡上写清楚姓名、年龄、1～2 个紧急联系人的电话、血型、住址、病史、第一送往医院等信息）。

8. 老年人运动注意事项有哪些？

（1）选择适宜健身的运动

1）适宜老年人的运动：太极拳（剑）、木兰拳（剑）、跳舞、散步、做家务等。

2）不适宜老年人的运动：负重憋气运动、对抗性运动、竞技类运动等。

（2）老年人的运动原则

1）运动频率：最好每天运动，至少每周 3～5 次。

2）运动时间：9：00～10：00，16：00～18：00 为宜。最好户外运动 1 小时，至少半小时。

3）运动强度：轻微出汗、自我感觉舒适。适宜心率 90～120 次/分（个人最高活动心率 ＝220－年龄）。

4）运动前后：穿合适的运动服、运动鞋，运动前进行 5～10 分钟热身，运动循序渐进，运动后补充水分。

5）运动中：适当休息，如若感到头晕、心悸、胸闷等不适立即停止。

运动有助于改善心肺功能，预防骨质疏松，可以提高平衡能力，是预防跌倒的有效方式。

9. 老年人洗澡注意事项有哪些?

洗澡除清洁皮肤外,还能舒筋活血、调节神经功能,有镇静、止血、解除疲劳的作用。但是对于老年人,特别是有心脑血管疾病的老年患者,由于机体调节功能差,如果不讲究科学洗澡,有时会出现意外,故应注意以下几点:

饥饿、饱餐时,不宜洗澡。洗澡水的温度不宜过高,一般以 37～39℃为宜,时间也不宜过长。运动后不宜洗澡。不宜在人多、不通风的公共澡堂洗澡,也不宜在浴罩里洗澡。因为这些地方往往气温高,空气中缺氧。一定要在澡堂洗澡时,要有家人陪同并带上急救药,选择人少的地方进行淋浴。如出现不适,立即到更衣室躺下,并立即服药,注意保暖,必要时与医生联系。不要急着走回家,避免跌倒。洗澡前,做些运动以使身体暖和。洗澡变换体位,如以卧位变为坐位、立位时,动作不宜太快。

10. 老年人如何实现安全用药?

服用多种药物时,可以增加跌倒发生的风险,需要定期咨询医生是否需要继续服用此药物。

常见药物的不良反应:

1)安眠药、镇静药、抗过敏药、感冒药→头晕。

2)止痛药→神志不清。

3)降压药→疲倦、低血压。

4)降糖药→低血糖。

11. 老年人独自在家跌倒后如何急救？

独自在家跌倒

不要惊慌，保持冷静，仔细观察自己的处境

做出决定，能否尝试站起来

能站起来

不能站起来

借助家具等站起来，站起来后休息，如有需要，前往医院

尝试求救：电话、高声呼喊、报警器、摔东西、砸房门等

让自己感觉舒适与温暖，静静地等待救援

12. 家中老年人跌倒后如何急救？

（1）通过观察表情和呼叫名字，判断意识。意识清醒，无明显不适，可扶到床上休息。意识丧失，避免搬动，缓慢放平，头偏向一侧。如有外伤且出血，可以初步包扎处理。

（2）判断是否发生了骨折，对怀疑骨折者一律按照骨折进行部位固定、保暖、止痛、呼叫急救中心救援。

（3）轻伤时，用清水冲洗干净伤口，用干净纱布包扎。扭伤时，在患处敷冰块。淤血肿胀，先用冰块冷敷，24 小时后涂抹红花油或贴膏药。

13. 老年人如何预防骨折？

（1）适当运动：肌力与骨量呈正相关，运动可以延缓肌力减退，防止骨量严重丢失，还可以改善平衡功能，减少跌倒风险。

（2）营养：维持骨量非常重要的因素。钙、磷、蛋白质、镁、锌、铜、铁、氯、钠和维生素 D、维生素 A、维生素 C、维生素 K 是维持骨和钙代谢的必备成分。

（3）避免酗酒、吸烟和滥用药物：酒精影响神经肌肉系统，增加跌倒的危险性。吸烟影响睾酮的产生，促进雌激素降解，导致骨脆性增加。许多药物也会影响骨代谢。

（4）改善环境：居住环境内增加光线、减少障碍物、地板防滑、增加扶手，可以预防跌倒。

（5）骨质疏松的治疗：治疗骨质疏松，可以有效预防老年人跌倒，防止老年人骨折。适当补充钙、维生素 D，遵医嘱应用激素及促进骨形成的药物等。

第 **2** 章
坠 床

1. 老年人应该如何选择适宜的床？

（1）高度：老年人的床不宜过高，以免上、下床不方便。如果床买高了，可以在床边添加稳妥的脚踏板，以方便老年人起居。

（2）硬度：弹簧床等软床对老年人不合适，对于患有腰肌劳损、骨质增生的老年人尤其不利。为了预防和治疗腰部疼痛，最好选择木板床。

（3）床垫：床以硬床垫或硬床板加厚褥子为好。使用时，可以在床板上加一层厚一些的棉垫，使之松软，这样不仅可以使老年人躺着更加舒服，而且可以使脊椎保持笔直的状态。

（4）床上用品：选择保暖性好的，床单、被罩应选购全棉等天然材料制作的。

另外，为了防止坠床事件的发生，还可以合理使用适合安装在家庭用床上的床挡。

2. 老年人如何合理使用保护具？

保护具是用来限制患者身体或机体某个部位的活动，以达到维护患者安全与治疗效果的各种器具。长期卧床的老年人，特别是意识不清醒、躁动不安、失明、痉挛的老年人，合理应用保护具，可以有效预防坠床事件的发生。常用的保护具有床挡、约束带、支被架三种。它们的使用原则如下：

（1）使用保护具时，应保持肢体及各关节处于功能位，协助老年人经常更换体位，保证老年人的安全、舒适。

（2）使用约束带时，其下需垫衬垫，固定松紧要适宜，并定时松解，每 2 小时放松约束带一次。注意观察受约束部位的末梢循环情况，每 15 分钟观察一次，发现异常及时处理。如有必要，进行局部按摩，促进血液循环。

3. 老年人独自在家坠床后如何急救?

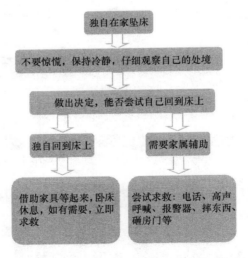

4. 拨打求救电话 "120" 时讲什么?

（1）老年人的姓名、性别、年龄。

（2）老年人目前最危急的状况（如神志不清、跌倒在地、心前区剧痛、呼吸困难等），发病的时间、过程，用药情况及过去的病史中与本次发病有关的部分。

（3）老年人家庭或现场的详细地址和电话号码，以及等待救护车的确切地点，最好是在有醒目的标志处。

语言必须精炼、准确，重要的信息一定要讲清楚。

第 3 章
压　疮

1. 什么是压疮？

压疮，又称为压力性溃疡、褥疮，是指身体由于局部组织长期受压，造成血液循环障碍，局部持续缺血、缺氧、组织营养不良而致组织溃烂甚至坏死，致使皮肤正常功能丧失。发生压疮后会给患者带来疼痛，情况恶劣者还会有生命危险。

2. 压疮只会发生于卧床的老年人吗？

不是，压疮不仅可能发生于卧床的老年人，也可能发生于坐位，半卧位，使用整形外科装置如坐轮椅，使用外科固定装置等的人。

3. 压疮的好发部位有哪些？

压疮多发生于身体受压的骨隆突处，如耳郭部、肩胛部、骶尾部、髋部、足跟部、内外踝处等。

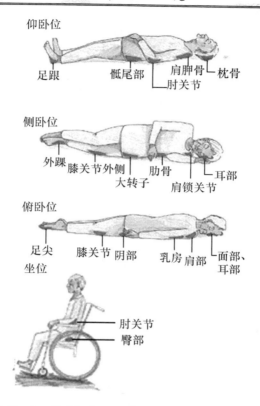

4. 哪些人群好发压疮？

昏迷者、瘫痪者、老年人、肥胖者、大小便失禁者、发热患者、水肿患者、疼痛患者、石膏固定患者、身体瘦弱者、营养不良者、使用镇静剂的患者、使用激素治疗者、手术时间超过3小时者、肝肾功能障碍者、阿尔茨海默病患者、恶病质患者。

5. 如何做好皮肤保护？

（1）寝具和皮肤要保持干燥，清洗后保持皮肤干爽可减少摩擦。

（2）对于大小便失禁的患者，一定要勤清洁，选用温和的清洁剂，每次洗完后注意涂抹润肤膏如润肤露、溃疡粉等，养成日常润肤的习惯，以保持皮肤湿润。

（3）避免对骨隆突处的皮肤进行按摩。

（4）上床或下床时，应该抬起手臂变换体位，避免拖拉皮肤，以免皮肤与床面之间产生摩擦。

（5）对于感觉功能下降的患者，应避免使用热水袋，并保持床单平整、干净、无褶皱。

6. 压红的皮肤能否给予按摩？

不要按摩发红的部位和周边部位，可使用新型敷料以保持皮肤的完整性，如薄型水胶体敷料、透明敷料、泡沫敷料等。

7. 发生压疮能否用烤灯照？

使用烤灯照射创面，可以造成创面的干性愈合环境，容易使伤口脱水、结痂，不利于上皮组织爬行，而且使生物活性物质丢失，造成愈合速度缓慢，因此不建议使用烤灯照射。

8. 吸烟对发生压疮有哪些危害？

吸烟是发生压疮的重要危险因素。以吸 1 支香烟为例，1 小时后，香烟的尼古丁会抑制血液循环，使其至少减少 50% 的组织供血。因此，建议有压疮发生风险的患者戒烟或尽可能减少吸烟量。

9. 老年人如何预防压疮?

（1）勤翻身，经常改变体位，防止身体长期受压。

（2）勤擦洗，保持身体清洁干燥。

（3）勤更换，尤其是大小便失禁的患者，保持床单位干燥、整洁。

（4）勤按摩，增进局部血液循环。

（5）加强营养，增强身体抵抗力。

10. 预防压疮如何改变体位?

（1）多活动：躺在床上或坐在椅子上时注意每 20 分钟稍微挪动一下身体。

（2）侧身躺在床上休息时，切忌把身体的重力完全放在髋骨上。

（3）不要长时间仰躺在床上。

（4）若感到身体在往下滑动，应请照护人员把床脚升高或降低床头。

（5）特殊情况下还可以用一些专门的护理用垫一起帮助降低压迫力。

（6）若身体有"疼痛点"，应及时告诉照护人员。

11. 减少老年人局部受压的方法有哪些?

（1）对活动能力受限的老年人，定时被动变换体位，每 2 小时一次。

（2）受压皮肤在解除压力 30 分钟后，压红不消退者，应该缩短翻身时间。

（3）长期卧床的老年人可以使用气垫床或者采取局部减压措施。

（4）骨隆突处皮肤使用透明贴或减压贴保护。

12. 老年人为预防压疮发生，可以使用哪些护理用垫?

在家中护理卧床的老年人时，除定期翻身之外，还可以做如下的护理：①使用护理用垫预防压疮：用小米、谷子、荞麦皮、蚕沙填充，棉布缝制成大小合适的"C"形圈或减压垫、椅垫，垫足、骶尾部或身体其他受压部位；②购买专用的预防压疮的减压护理用品如轮流充气床垫、水床、"C"形圈、海绵垫、小垫子、小枕头、"U"形垫，减轻压力，预防压疮。

13. 预防压疮禁用的用具有哪些?

禁止使用圆圈、橡胶圈、棉圈等闭合型圈，因闭合型圈会使局部血循环受阻，造成静脉充血与水肿，同时妨碍汗液蒸发而刺激皮肤，从而使气垫圈受压处皮肤发生压疮。

14. 老年人一旦发生压疮，饮食应该如何调整?

根据老年人的身体状况和疾病情况选择合适的食物，一般遵循以下原则：

（1）每天的食谱必须包括五谷、肉类、奶类和纤维素。

（2）避免偏食，菜谱的编排宜多样化。

（3）多选高纤维食物，如蔬菜、肉类、全糠五谷等。

（4）应以清淡口味为主，过浓、过甜或过咸皆不适宜。

（5）避免食物添加剂及腌制品。

（6）避免肥腻及脂肪含量高的食物。

（7）烹调应采用快煮方式，以使食物的营养不容易流失，煎、炸则脂肪含量高。

（8）注意饮食均衡，若有特殊情况需向医护人员咨询。

15. 如何照顾卧床的老年人？

（1）勤观察：为避免压疮的出现，要勤观察皮肤情况，尽可能地减少压力、摩擦力等对皮肤的影响。

（2）勤翻身：协助卧床的老年人 2 小时翻一次身，以减轻对某一部位的固定压迫，翻身时切忌拖、拉、推，以防擦破皮肤。翻身后应在身体着力空隙处垫海绵或软枕。受压的骨突处要用海绵或海绵圈垫空，避免压迫。

（3）勤擦洗：注意保持老年人皮肤清洁、干燥，避免大小便浸渍皮肤和伤口，定时用热毛巾擦身。洗手洗脚，促进皮肤血液循环。

（4）勤按摩：每次协助老年人翻身后，先用热水擦洗，再用双手或一只手蘸少许樟脑乙醇或 50%乙醇按摩。骨突处要重点按摩，头后枕部、耳郭、脚后跟也不能忽视。按摩的手法为要有足够的力量刺激肌肉，但肩部用力要轻。已出现压红的部位禁止按摩。

（5）勤整理：床上不能有硬物、渣屑，床单不能有皱折。

（6）勤更换：及时更换潮湿、脏污的被褥、衣裤和分泌物浸湿的伤口敷料。不可让老年人睡在潮湿的床铺上，也不可直接睡在橡皮垫、塑料布上。

16. 老年人一旦发生压疮，需要心理安慰吗？

心理安慰对压疮患者非常重要，特别是对于思维清晰的老年人，他们往往情绪低落，总认为自己是家庭的累赘，加上疮面恶臭、大小便失禁，自卑感很强。照顾者应该用亲切柔和的语调、关切的眼神、乐观开朗的情绪来感染老年人，介绍疮面的情况，增加老年人的信心，减轻其自卑感，使其能积极配合。

第 4 章

用 药 安 全

1. 老年人常见的药物不良反应有哪些？

抗生素：老年人肝功能减退，以致药物半衰期延长，如按常规量给药，易产生药物不良反应，所以老年人用药时要量小、时间短，密切观察肝肾功能的变化。

降压药：老年人对压力感受器敏感性降低，自主神经系统对低血压反应迟钝，应用降压药时极易出现低血压，所以一些降压药应从小剂量开始，并注意不良反应。

强心剂：老年人因年龄、体质、病情、耐受各有不同，用药时必须根据个体差异给予适合的用量。用药量要谨遵医嘱，随时观察。

β受体阻滞剂：临床上用于心律失常、高血压、心力衰竭的联合治疗。但β受体阻滞剂有抑制心肌和呼吸的不良反应，常有呼吸系统疾病的老年人需慎用。

镇痛药：患有慢性阻塞性肺疾病的老年人要慎用，否则会加重呼吸困难。

2. 老年人用药有哪些不安全因素?

（1）多种药物联用或重复用药：老年人因患多种疾病接受多个医生的诊治，造成重复用药。多种药物联用是老年人用药潜在风险的最危险因素。

（2）易引起药物中毒或药物反应：由于老年人肝代谢和肾排泄功能减慢，血药浓度升高易造成中毒反应。同时由于老年人对药物的反应强烈，特别是对中枢神经抑制药物、降血糖药物、心血管系统药物反应敏感，导致正常剂量下的不良反应增加，甚至出现药源性疾病。

（3）服药依从性差：老年人有自己的习惯思维，在服用药物时往往自作主张，擅自增减用药剂量或用药次数。同时老年人因记忆力减退，使用药物品种多，会出现错服、漏服、误服。

（4）安全用药知识缺乏：受文化水平、年龄的影响，存在凭经验用药、滥用药、不合理用药的问题。

（5）老年人心理问题：迷信名药、贵药、新药、进口药，总认为药用得越多越好、越贵越好、越新越好。

3. 老年人的药物治疗为何要采用择时原则?

（1）许多疾病的发作、加重与缓解都具有昼夜节律的变化：如夜间易发生变异型心绞痛、脑血栓和哮喘，流感引起的咳嗽也在夜间加重，关节炎患者常在清晨出现关节僵硬（晨僵），心绞痛、急性心肌梗死和脑出血的发病高峰在上午等，在疾病发作前用药，更有利于控制疾病的发展。

（2）药代动力学原因：因药物的动力学有昼夜规律，因此一些药白天用比夜间用吸收快、血药浓度高，而另一些药物夜间给药可维持较高的血药浓度。例如，氢氯噻嗪片在早晨用药不仅增加疗效，还可减少低钾血症的发生；铁剂最大吸收率时间为 19:00，中、晚餐后用药较合理；早餐后用阿司匹林，血药浓度高、疗效好。

（3）药效学有昼夜节律的变化：胰岛素的降糖作用上午大于下午，以 4:00 时降糖作用最强；硝酸甘油的扩张冠状动脉作用也是上午大于下午。因此，择时治疗可以最大限度地发挥药物作用，而把毒副作用降到最低。

4. 老年人为什么有时需暂停用药？

老年人在用药期间应密切观察，一旦出现任何新的症状，包括躯体、认知或情感方面的症状，应考虑药物不良反应或病情进展。当怀疑为药物不良反应时，一定要咨询专科医生，在医生建议下停药一段时间，如减量或停药后症状好转或消失，表明是药物不良反应。对于服药的老年人，出现新症状时，停药受益明显大于加药受益，所以暂停用药是现代老年病学中最简单、最有效的干预措施之一。

5. 如何预防漏服或错服药物？

由于老年人的记忆力下降，服药种类多，很容易漏服、错服，影响治疗效果。建议老年人给需要服用的药物建立一个"档案"，列出需服用药物的时间、种类、注意事项，必要时设立闹钟，用将药物分装在小药盒的方法记住服药，或每天在同一时间服药，并将药物摆放在显眼的地方，以及养成记用药笔记的习惯。

6. 漏服药物后怎么办？

万一漏服药物，应计算错过的时间，如漏服的时间处于两次用药时间一半内，可按原剂量补服，否则不必补服，后续正常服用即可。但如果服用的是激素类药物，应咨询医生。

第 **5** 章
误 吸

1. 什么是误吸?

误吸是指吞咽过程中一定数量的固体或液体（可能包含血液及分泌物）进入声门以下的现象，可以严重威胁患者的生命健康和安全。

2. 为什么老年人容易发生误吸?

随着年龄的增加，老年人全身肌肉萎缩、肌张力降低、神经系统反射活动相对下降，使吞咽反射减弱、吞咽功能障碍，导致吞咽困难，易发生误吸。

3. 什么是吞咽困难?

吞咽困难是指口腔、咽、食管等吞咽器官发生病变时，患者的饮食出现障碍或不便而引起的症状。

4. 导致老年人吞咽困难的因素有哪些?

（1）认知功能障碍：老年人短期和长期记忆、注意力和执行能力进行性下降，会因忘记手头任务或注意力不集中而妨碍进餐。

（2）生理功能退化：随着年龄增长，生理性功能退化成为老年人进食困难的又一重要因素：①丧失进食所需要的精细技能，如将食物从盘中拿起后放入口中；②嗅觉和味觉的改变也会减少食欲和食物摄入量；③合并视觉障碍；④消化系统生理性退化；⑤牙科问题：包括义齿安装不当、牙齿缺乏、牙齿松动及口腔卫生不良等，均可导致咀嚼困难，而无效咀嚼可能会加剧吞咽困难。

（3）社会心理因素：老年人抑郁症患病率较高，老年抑郁症患者通常拒绝食物或拒绝喂养，最终变得孤僻或表现为攻击，而使进食过程复杂化。

（4）环境因素：就餐环境在喂养过程中起到重要作用，在喧哗的餐厅用餐的患者，临床常表现为非常急躁、激动，往往伴有进食困难。

5. 为什么要进行吞咽功能训练？

对老年患者进行吞咽功能训练，可以促进口腔、咽部和颈部肌肉的灵活性和协调性，并反射性刺激中枢神经系统，促进神经网络重建及加速侧支循环的建立，防止舌、咽部和颈部肌群发生失用性萎缩，改善和减缓老年患者吞咽功能障碍，防止误咽及呛咳等意外事件的发生。

6. 怎样训练吞咽功能？

（1）舌肌、咀嚼肌、颊肌训练：指导患者每天进行鼓腮、屏气动作，然后张口，做舌的伸缩运动和左右运动，再将舌尽力外伸，舔左右口角、软硬腭部，最后将舌缩回，闭口做上下牙齿的碰撞及咀嚼、磨牙活动，在午餐及晚餐前 30 分钟进行，每次 5～10 分钟，每天 2 次，以患者不感到疲劳为度。

（2）吞咽动作训练：先嘱患者空吞咽数次，再指导患者吞咽时舌抵硬腭，屏住呼吸，甲状软骨抬起数秒。

7. 误吸的分类有哪些？它们的表现有什么区别？

误吸分为显性误吸和隐性误吸。

显性误吸伴随进食、饮水及胃内容物反流突然出现的呼吸道症状（如咳嗽、发绀）或吞咽后出现的声音改变（声音嘶哑或咽喉部的气过水声）。该病病情较重，发展较快，一旦产生，呼吸困难是其首发和突出表现，极易诱发重症肺炎、急性左心衰竭、急性呼吸衰竭。

隐性误吸往往直到出现吸入性肺炎时才被察觉，不易引起老年人自身及家属的注意，有的老年人仅表现为精神委靡、神志淡漠、反应迟钝及纳差。老年人更容易在睡眠或意识障碍时发生口腔分泌物的隐性误吸。

8. 误吸会导致死亡吗？

会，误吸严重威胁老年人的生命健康，轻者可以出现呛咳，重者可表现为吸入性肺炎，甚至发生窒息导致死亡。

9. 什么是吸入性肺炎？

吸入性肺炎是指口咽部分泌物或胃内容物被吸入下呼吸道导致的肺部炎症。吞咽障碍及误吸是吸入性肺炎的主要危险因素。老年人由于呼吸系统结构及功能减退，呼吸道保护性功能减退，咀嚼及吞咽较吃力，使吞咽时间延长，甚至引起吞咽障碍，出现吞咽不畅、食管内食物积留、饮食向鼻腔反流或部分进入气管，引起吸入性肺炎。

10. 引起误吸的危险因素有哪些？

（1）疾病因素：①老年人易患的一些疾病常伴有意识障碍、吞咽困难、气道痉挛，如脑血管疾病、阿尔茨海默病、晚期肿瘤等易引起误吸。②长期留置鼻饲饮食，环状括约肌出现不同程度的损伤，导致功能障碍；同时，留置的胃管易使食管相对关闭不全，胃内容物反流至口咽部而发生误吸。③因病情需要使用镇静药、抗焦虑药等药物可引起意识改变，增加误吸的可能。

（2）年龄因素：随着年龄的增长，老年人口腔黏膜萎缩，咽及食管的蠕动功能减退，喉部感觉减退，吞咽反射功能渐趋迟钝而致误吸。年龄越大，发生误吸的概率越大。

（3）体位因素：老年人身体虚弱，进食时如采取卧位或半坐位（抬高床头小于30°），在进食过快、过急、过多或由家人协助进食时都将增加误吸的机会。

（4）照料人员因素：老年人若由家人或护工照料饮食起居，如照料人员缺乏必要的照料常识，不能正确掌握喂食技巧均可引起呛咳或误吸。

11. 怎样预防误吸？

（1）饮食方面：①食物选择：食物的性质以半流食为主，如粥、蛋羹、菜泥等，避免食用干硬类和刺激性食物。吞咽困难者应将食物做成糊状，避免进食汤水类，水分的摄入应尽量混在半流食中，食物的种类以高蛋白、高维生素、易消化食物为主。②进食体位：进食时应尽量取半卧位或坐位。坐位进餐时，头颈稍向前屈 45°，不能坐位进餐者取头高 30° ～ 45° 半卧位，进食后保持坐位或半卧位 30～60 分钟。为避免恶心引起食物反流，进食后不能立即做拍背、翻身等操作。③进食要求：保持环境安静，心情愉快，细嚼慢咽，不与周围人说笑，注意力集中。情绪不稳，大喊大叫时，应暂停进食，防止发生误吸。

（2）鼻饲置管患者：尽早给予呛咳及昏迷、吞咽困难不能经口进食的危重老年人胃管鼻饲，避免发生误吸。

（3）口腔：餐后应及时清除老年患者口腔内的分泌物、食物残渣，以防止其在变换体位时发生误吸。

（4）呼吸道：经常进行深呼吸，在呼气时反复多次用力咳嗽，排除呼吸道的分泌物，进行有效的咳嗽排痰，保持呼吸道通畅。卧床老年人要给予勤翻身、叩背，每 1～2 小时 1 次，痰液黏稠不易咳出时给予雾化吸入。

12. 老年人误吸后怎样急救？

　　一旦发生误吸，需鼓励并协助老年人咳嗽、咳痰，立即清除口鼻部分泌物，不能清除时拍背协助尽快咳出，紧急情况下使用海姆立克急救法急救。卧床老年人应取侧卧位，托起下颌，清除口内食物。

13. 怎样实施海姆立克急救法？

　　急救者首先以前腿弓、后腿登的姿势站稳，然后使患者坐在自己弓起的大腿上，并让其身体略前倾。将双臂分别从患者两腋下前伸并环抱患者。左手握拳，右手从前方握住左手手腕，使左拳虎口贴在患者胸部下方、肚脐上方的上腹部中央，形成"合围"之势，然后突然用力收紧双臂，用左拳虎口向患者上腹部内上方猛烈施压，迫使其上腹部下陷。这样由于腹部下陷，腹腔内容物上移，迫使膈肌上升而挤压肺及支气管，这样每次冲击可以为气道提供一定的气量，从而将异物从气管内冲出。施压完毕后立即放松手臂，然后再重复操作，直到异物被排出。

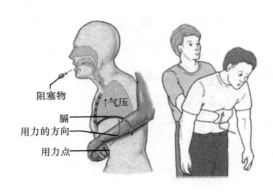

第 6 章
误 食

1. 患什么疾病的老年人容易发生误食？

（1）患有神经内科疾病的老年人，尤其是阿尔茨海默病患者在家属看护不当时容易因思维混乱而发生误食、误服现象。

（2）患有眼科疾病如老年性白内障、糖尿病引起眼底病变、白内障或青光眼等的老年人，因年龄增大、记忆力减退，再加上视力障碍，极易发生食物或药物的误食。

2. 什么是阿尔茨海默病？

阿尔茨海默病俗称老年痴呆，是一种起病隐匿的进行性发展的神经系统退行性疾病。临床表现为认知和记忆功能不断恶化，日常生活能力进行性减退，并有各种神经精神症状和行为障碍。

3. 为什么阿尔茨海默病患者容易误食？

阿尔茨海默病患者受精神症状支配常有拒食、贪食及乱吃东西的情况，易发生误食及呛咳或食物中毒。部分患者在幻觉、妄想等精神症状的支配下会有拒服药物、藏药、吐药、吃错药等行为，甚至会误食家人的药物。

4. 如何预防阿尔茨海默病患者误食？

阿尔茨海默病患者思维混乱，因此，进食时环境要安静，以使患者注意力集中，吃饭时不要讲话或者做其他事情。家庭照顾者应将家中不可食用的物品放置在隐蔽处或远离患者可触及的范围，以防其误食，经常检查、整理患者周围可触及的物品，检查食物的保质期；指导照顾者收藏好家中的危险品，避免患者接触的食品、日用品、药品有：如发霉食物、清洁剂、香烟、樟脑球、肥皂、镇静剂等；把每天的药物分次装好，将每餐要吃的药物放在明显位置，督促患者按时按量服用；对躁动不安或精神异常的患者，视情况给予必要的约束，但是不能强行给予约束；严格看护患者服药，吃药时家属要检查患者的口中、手上有无药，要喂服入口中，确定患者已将药服下，防止遗留食物、药片，必要时予以清理，以免造成藏药、错服、漏服。

5. 视力障碍的患者如何预防误食？

照顾者应耐心向老年患者解释说明餐桌上食物的种类和位置，帮助其用触摸方式确认，注意提醒热汤、茶水等易引起烫伤的食物；对于视力极差的老年患者，均应由护工或家属喂饭，每喂一口都要用餐具或食物接触一下老人的嘴，然后再将食物送进口中；眼科患者大部分合并患有 1～2 个系统疾病，合并患有糖尿病、高血压的老年患者每餐饮食均应由照顾者检查后方可食用，以免饮食不当影响治疗效果；给患者服药时应把药物的外包装去掉以免患者误食。

6. 老年人误食的物品主要有哪些？

误食的物品主要有：药物、食品中的干燥剂、消毒剂（如漂白晶片、消毒药水）、药品、杀虫剂（灭蚊、蝇、鼠等有毒药品），如果大量误食，会出现严重中毒，甚至导致死亡。

7. 一旦误食应怎样处理？

有毒物品及容易误食的物品摆放在服务对象难以触及的地方，一旦发生误食，迅速判断误食品种、误食量、误食时间，采取相应措施。必要时根据情况催吐。观察中毒情况，如果中毒较深、意识不清，首先要保持呼吸道畅通，防止呕吐物等造成窒息。及时通知医生及救护车，进行急救治疗。

第 7 章
吞 咽 障 碍

1. 什么是吞咽障碍？

吞咽障碍是由于下颌、双唇、舌、软腭、咽喉、食管括约肌或食管功能受损，不能安全有效地把食物由口送到胃内取得足够营养和水分的进食困难，常见于脑梗死、帕金森病、老年痴呆、头颈部肿瘤患者。

2. 为什么老年人易发生吞咽障碍？

老年人牙齿咀嚼功能障碍、脑血管疾病、痴呆、抑郁等都可造成其吞咽障碍。老年人口、咽、喉及食管等部位的组织发生退行性变化，黏膜萎缩变形，腺体分泌功能减退，神经末梢感受器的感觉功能渐趋迟钝，肌肉变性，咽及食管的蠕动能力减弱，牙齿损坏、脱落，牙龈萎缩，食物未经细嚼或食团中的杂物不能及时察觉、吐出，以及口、咽部或全身各种疾病都会引起吞咽障碍。

3. 老年人吞咽障碍的相关因素包括哪些？

（1）脑卒中：吞咽功能障碍是脑卒中患者的常见并发症之一。

（2）痴呆：老年痴呆患者多数伴有吞咽障碍。认知功能越差，吞咽障碍的发生越多。

（3）帕金森病：75%～100%的帕金森病患者有吞咽障碍。

（4）年龄：年龄是一个重要的相关因素。老年人的吞咽障碍由多种因素造成，包括牙齿缺失、口腔敏感性减退、味觉和嗅觉改变、视力减退、目光注视与手的协调动作减退、独自进食、情绪抑郁等。

（5）食物形态：是否发生误咽还与吞咽物的质地、黏度等有关。

（6）体位：平卧位时胃内容物易反流至口咽部，经气管入肺，90°坐姿即躯干垂直，头正中、颈部轻度向前屈曲，此坐姿对终生吞咽障碍的患者是最佳的进食体位，侧卧位采用健侧卧位，利用重力的作用使食物主要集中在健侧口腔，减少食物在偏瘫侧的残留。

4. 引起老年人继发性吞咽障碍的因素有哪些？

（1）咽部疼痛：咽痛程度常与病变轻重成正比，病变越严重，则咽痛越严重。

（2）神经系统疾病：鼻咽癌颅内转移、脑卒中、颅脑外伤、老年痴呆、延髓瘫痪等。

（3）肌肉病变和肌肉结合处病损：如多发性肌炎、重症肌无力、甲状腺功能减退等。

（4）梗阻性病变：咽、喉、食管内的炎性肿胀、较大异物、内伤后瘢痕、肿瘤等，以及管腔周围的肿块压迫。

（5）药物影响：某些精神类药物如氯丙嗪，抑制中枢、锥体外系的作用反应。

（6）精神心理因素：癔症、咽异感症等。

5. 老年人吞咽障碍有何表现？

（1）吞咽哽噎感。

（2）吞咽速度变慢。

（3）食物等误入气道，甚至引起吸入性肺炎。

（4）食物向鼻腔反流，尤其是流质饮食时更为明显，并有开放性鼻音（软腭麻痹所致）。

（5）阻塞感明显。

（6）其他如咽痛引起的吞咽障碍，鼻咽癌颅内转移侵犯脑神经致咽肌麻痹出现的吞咽障碍。

6. 老年人吞咽障碍分为哪几种类型？

吞咽障碍通常可分为口腔、咽腔或食管的吞咽障碍。当食物从口腔自主运动转至咽腔的过程发生困难时，称为口腔咽部吞咽障碍。口腔咽部吞咽障碍最常见的原因就是痴呆。有咽部吞咽障碍的患者，食物易误入气管，患者进食后会出现咳嗽、哽咽，或进食后从鼻腔反流。食管吞咽障碍表现为吞咽后食物被"卡"住的感觉。对固体和液体食物均出现梗阻提示有食管动力疾病（如失弛缓症、硬皮症），而对固体食物的进行性吞咽障碍提示存在机械性梗阻（如肿瘤、食管环）。由于治疗这些疾病老年人需服用较多药物，因此更容易出现药物诱导的食管炎（在临床上开始表现为吞咽痛，接下来就是吞咽障碍）。

7. 老年人吞咽障碍有哪些并发症?

老年人吞咽障碍的并发症为：吸入性肺炎、窒息、营养不良、脱水、心理障碍。

8. 吞咽障碍有哪些治疗方法?

主要是针对病因治疗。消化性狭窄通常除给予一天一次质子泵抑制剂进行积极抑酸治疗外，还需要间断地通过食管镜扩张治疗。对于食管癌主要选择外科手术、化疗及放疗。对于晚期和复发食管癌的患者可以选用经过食管镜的光疗和支架植入术。老年人和衰弱的失弛缓症患者可以通过食管镜球囊扩张和食管下段括约肌注射肉毒素的方法来改善症状。

9. 患有吞咽障碍的老年人饮食应注意什么?

对于吞咽障碍的老年人的饮食要高度重视。饮食应以糊状或胶状为主，带有黏性的食物，水分尽量混在食物中，常选用米糊、面条、蛋羹、肉末汤、菜泥等。宜用薄而小的勺子从健侧喂食，尽量把食物放在舌根部。进食时取合适体位，颈部轻度向前屈曲，躯干伸直，手放在桌子上，若侧卧位则须健侧卧位，利用重力使食物集中在健侧口腔，以利于咽下。仰卧位采取 30°～60° 半卧位。入量先以 3～4ml 开始，然后酌情加至一汤匙，量的大小为 20～30ml，速度不宜过快，以 30 分钟为宜。

10. 吞咽障碍对患有脑卒中的老年人有什么影响？

（1）误吸：是急性脑卒中伴吞咽障碍的患者最易发生的症状之一。

（2）窒息：脑卒中后吞咽障碍的患者常因其吞咽障碍而发生呛咳，严重时可发生窒息而危及生命。

（3）营养不良：脑卒中患者由于其吞咽障碍而影响进食，可引起脱水及营养不良而危及生命。

（4）心理影响：吞咽障碍对老年人的生理和心理具有很大的影响。可引起患者进食恐惧、社会隔绝、抑郁等负性社会心理，严重影响其身心健康、健康效果及生活质量。主要的心理问题以抑郁、焦虑、自卑居多。

11. 阿尔茨海默病患者为什么易出现吞咽障碍？

阿尔茨海默病患者由于认知功能下降和行为障碍，食物控制及协调性差，器官老化导致口腔结构和机能的改变，使其易患吞咽障碍或吞咽障碍加重，导致口水、食物易呛入呼吸道导致窒息。年龄在 75 岁以上的老年人发生吞咽障碍的风险性更高，随着年龄的增长，老年人咽和食管功能异常及结构性病变，影响吞咽功能的启动和协调，所致的吞咽功能障碍也相应增高。

12. 吞咽障碍有哪些康复训练方法?

（1）基础训练法：用于脑损伤急性期进食前及中重度摄食、吞咽障碍患者进行摄食训练之前的预备训练。

1）发音运动训练：很多患者在吞咽困难的同时伴有语言障碍。训练时先利用单音单字进行康复训练，如嘱患者张口发"a"音，并向两侧运动发"yi"音，然后再发"wu"音，也可嘱患者缩唇然后发"f"音，如同吹蜡烛、吹口哨动作，通过张闭口动作促进口唇肌肉运动。

2）颊肌、喉部内收肌运动：嘱患者轻张口后闭上，使双颊部充满气体，鼓腮，随呼气轻轻吐出，也可将患者手洗净后，做吮手指动作，以收缩颊部及轮匝肌运动，每日2回，每回反复做5次。

3）舌部运动：患者将舌头向前伸出，然后做左右运动摆向口角，再用舌尖舔下唇后转舔上唇，按压硬腭部，每回运动20次。作用为改变咀嚼、吞咽相关肌力运动，方法为主辅运动结合做口唇舌体下颌关节运动。

4）寒冷刺激：提高软腭和咽部的敏感度，增强吞咽反射，方法为冰棉棒接触以腭弓为中心的刺激部位，左右相同部位交替。

5）呼吸道训练法：深呼气—憋气—咳出，目的是提高咳出能力和防止误咽；努力咳嗽，建立排除气管异物的各种防御能力引起咽下反射，防止误吸。

6）反复轮换吞咽：每次进食吞咽后，应反复做几次空吞咽，使食块全部咽下。有吸入危险的患者则做空吞咽动作，因为改善吞咽功能最重要的训练就是吞咽。

（2）摄食训练法

1）进食的体位：训练时应选择既有代偿作用又安全的体位，不能坐位的患者，根据病情取躯干30°仰卧位，头部前屈，健侧肢体在下，此体位食物不易从口中漏出，有利于食物向舌根运送，减少向鼻腔反流及误咽的危险。或头稍前倾45°左右，这样使食物由健侧咽部进入食管或可将头轻转向瘫痪侧90°，使健侧咽部扩大便于食物进入。

2）食物在口中的位置：进食时应把食物放在口腔最能感觉食物的位置，最好把食物放在健侧舌后部或健侧颊部，这样有利于食物的吞咽。

3）调整进食的一口量并控制速度：一口量即最适于吞咽的每次摄食入口量，正常人约为20ml。对患者进行摄食训练时，如果一口量过多，或会从口中漏出或引起咽部残留导致误咽；过少则会因刺激强度不够，难以诱发吞咽反射。一般先以少量（3～4ml）试之，然后酌情增加。为防止吞咽时食物误吸入气管，在进食时先嘱患者吸足气，吞咽前及吞咽时憋气，这样可使声带闭合封闭喉部后再吞咽，吞咽后咳嗽一下，将肺中气体排出，以喷出残留在咽喉部的食物残渣。每口进食量为2～20ml，每次间隔30分钟左右，后一口待前一口吞咽完全后再喂，避免2次食物重叠入口的现象发生，作用为减少误咽的危险，调整合适的速度。

（3）摄食、吞咽障碍的综合训练法

1）重建进食习惯：老年性吞咽障碍者进食时注意力应集中，细嚼慢咽，保持吞咽反射协调进行，避免进食呛咳。若出现呛咳现象，立即停止进食，使其侧位，鼓励咳嗽，轻叩胸背部将食物颗粒咳出。

2）心理护理：吞咽障碍是老年人的常见病、多发病。脑卒中后的抑郁发生率为 25%～60%，焦虑发生率为 18.4%。因此在为患者开展康复功能训练时，既要注意心理功能障碍方面的训练，又要结合患者个体的认知、情感及有关家属的支持等因素施行心理护理，始终让患者保持良好心态。

3）提倡综合训练：包括肌力训练、排痰法的指导、上肢协助的进食功能训练、辅助器具的选择与使用、食物的调配、进食前后口腔卫生的保持、助手的协助与监护方法等，凡是与摄食有关的细节都应该考虑在内。

第 **8** 章
窒　　息

1. 什么是窒息？

人体的呼吸过程由于某种原因受阻或异常，所产生的全身各器官组织缺氧、二氧化碳潴留而引起的组织细胞代谢障碍、功能紊乱和形态结构损伤的病理状态，称为窒息。当人体内严重缺氧时，器官和组织尤其是大脑会因为缺氧而广泛损伤、坏死。气道完全阻塞造成不能呼吸，只要 1 分钟心跳就会停止。只要抢救及时，解除气道阻塞，呼吸恢复，心跳随之恢复。窒息是危重症最重要的死亡原因之一。

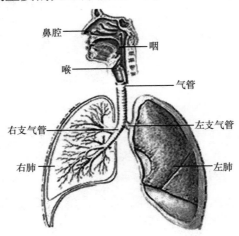

鼻腔　　　　　　　　咽

喉

气管

右支气管　　　　　　　左支气管

右肺　　　　　　　　　左肺

2. 窒息分几种？

（1）外窒息（异物早期梗阻在喉、气道声门和大气管内）。

（2）内窒息（CO中毒等）。

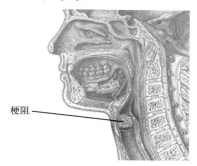

梗阻

3. 窒息的主要原因有哪些？

（1）机械性窒息。

（2）中毒性窒息。

（3）病理性窒息。

（4）脑源性疾病引起的中枢性呼吸停止。

（5）新生儿窒息及空气中缺氧的窒息（如关进箱、柜内，空气中的氧逐渐减少等）。

4. 窒息有哪些临床表现？

（1）痛苦表情。

（2）多有剧烈、有力的咳嗽，有典型的喘鸣音。阻塞严重气体交换不足时，呼吸困难、明显气急、咳嗽无力，或有鸡鸣、犬吠样的喘鸣音。

（3）口唇和面色发绀或苍白。

（4）神志丧失，出现昏迷。

（5）出现心搏骤停。

5. 窒息的高危人群有哪些？

（1）老年人。

（2）儿童（特别是婴幼儿）：每年有超过 2500 名 0～4 岁的幼儿因意外窒息而夭折，而更多的幼儿因此而终生残疾。

6. 什么是老年人呛咳窒息？

老年人由于各种原因引起吞咽障碍，在饮食时易发生呛咳而致肺部感染、窒息，甚至死亡，能否及时进行抢救治疗，关系到患者的预后。老年人呛咳窒息系指食物团块完全堵塞声门或气管引起的窒息，俗称"噎食"，是老年人猝死的常见原因之一。

7. 引起老年人呛咳的原因有哪些？

（1）老年人咀嚼功能不良，大块食物尤其是肉类不容易被嚼碎。

（2）老年人患食管病者较多，如果进餐时情绪激动，容易引起食管痉挛。

（3）老年人脑血管疾病变发生率高，咽反射迟钝，容易造成吞咽动作不协调而呛咳。

8. 老年人呛咳窒息时的临床表现有哪些?

（1）进食时突然不能说话，并出现窒息的痛苦表情。

（2）患者通常用手按住颈部或胸前，并用手指口腔。

（3）如为部分气道阻塞，可出现剧烈的咳嗽，咳嗽间歇有哮鸣音。

（4）患者突然意识丧失，呼吸困难、发绀，甚至昏迷。

9. 窒息时怎样急救?

具体操作方法如下:

（1）意识尚清醒的患者可采用立位或坐位，抢救者站在患者背后，双臂环抱患者，一手握拳，使拇指掌关节突出点顶住患者腹部正中线脐上部位，另一只手的手掌压在拳头上，连续快速向内、向上推压冲击 6～10 次（注意不要伤其肋骨）。

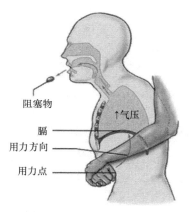

（2）昏迷倒地的患者采用仰卧位，抢救者骑跨在患者髋

部，按上法推压冲击脐上部位。这样冲击上腹部等于突然增大了腹内压力，可以抬高膈肌，使气道瞬间压力迅速加大，肺内空气被迫排出，使阻塞气管的食物（或其他异物）上移并被驱出。这一急救法又被称为"余气冲击法"。如果无效，隔几秒钟后，可重复操作一次，造成人为的咳嗽，将堵塞的食物团块冲出气道。

（3）成人自救——无人的情况下，成人稍稍弯下腰，靠在一固定的水平物体上（如桌子边缘、椅背、扶手栏杆等），以物体边缘压迫上腹部，快速向上冲击。重复之，直至异物排出。

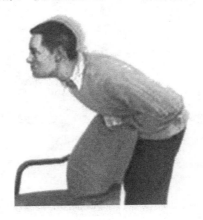

（4）同时拨打"120"救护车送医院急救。

10. 呛咳窒息预防护理措施有哪些？

预防呛咳窒息，除了及时治疗各种疾病诱因之外，还应注意做到"四宜"：即食物宜软、进食宜慢、食量宜少、心宜平静。

饮食注意：易呛咳的老年人以半流质食物为宜，卧床进食时要抬高床头＞45°，以利咽下运动，减少误吸的机会。确认食物完全咽下后再继续喂食，进食后保持此体位 20 分钟，防止食物反流引起呛咳窒息。喂食的家属要有足够的耐心，不可操之过急。对经常出现呛咳的老年人尽量给予鼻饲进食，以减少进食呛咳窒息的发生。

11. 如何处理各种呕吐引起的窒息？

应立即置患者头低脚高位，去枕平卧，松解衣领，头偏向一侧，迅速清除口、鼻腔呕吐物。建立通畅的气道，严防呕吐物被吸入气管而引起再次窒息。必要时进行抽吸，并密切观察患者面色、呼吸、心率、呼吸道是否通畅，同时拨打"120"救护车送医院急救。

12. 如何处理痰液堵塞引起的窒息？

痰液黏稠不易咳出，易堵塞气管引起窒息。早期可雾化吸入，遵医嘱加入黏液溶解剂稀释痰液，每天做超声雾化 2～3 次。气道分泌物多者，适当增加雾化次数。必要时送医院。

13. 预防窒息的健康知识有哪些？

进食时取半坐卧位，不要讲话。进食时细嚼慢咽。吞服药片、药丸时要多喝几口温开水。喂食后保持该体位 30 分钟。吞咽困难者，可将食物加工至糊状。睡觉时必须将义齿取出，养成右侧卧位的习惯。

第 **9** 章
烫 伤

1. 什么是低温烫伤?

低温烫伤是皮肤长时间接触高于体温的低热物体造成的烫伤。接触 70℃ 的温度持续 1 分钟,接触 60℃ 的温度持续 5 分钟以上时,皮肤可能就会被烫伤,引起皮肤烫伤的最低温度为 44℃,6 小时以上会发生皮肤的不可逆性损伤。

2. 老年人为何易发生低温烫伤?

老年人的皮肤随年龄增长而变薄,皮肤的感觉功能、对外保护功能、对周围环境温度调节功能降低,皮肤血运功能减慢。尤其在冬天,老年人四肢血运功能差,常感觉四肢发冷发凉,在家时使用热水袋、充电暖宝等来缓解不适,一旦感觉皮肤疼痛或有烧灼感往往已经被低温烫伤。

3. 烫伤分几类?

烫伤一般分为三个等级:一度烫伤(红斑性,皮肤变红);二度烫伤(水疱性,患处产生水疱);三度烫伤(坏死性,皮肤削落）。

4. 老年人烫伤的危险因素有哪些?

（1）热水袋所致的烫伤：又称为低温烫伤，它与开水引起的烫伤、明火引起的烧伤不同，从表面看它的烫伤面积不大，皮肤表面也不如开水烫伤或明火烧伤那么严重，但创面往往比较深，严重者甚至会造成深部组织坏死，若不及时治疗，极易引起感染。

（2）热汤水烫伤：由于老年人皮肤薄、愈合能力差，如果卧床时间长又很容易出现身体功能下降。

（3）中医治疗引起的烫伤：一些老年人身体不适时比较倾向于用中医治疗，如拔罐、艾灸、神灯等，在家做这些时，主观认为治疗的时间越长，效果越好，常常导致皮肤烫伤。

5. 烫伤急救小口诀有哪些?

（1）冲：烫伤后立即脱离热源，用流动的冷水冲洗或浸泡10～30分钟，降低伤面温度，减轻高温进一步渗透所造成的组织损伤加重。

（2）脱：如果是被开水或汤烫伤，衣服上仍然有较高的水温，所以要边冲边脱衣物。脱的过程中注意不要强行脱去衣物，以免撕伤皮肤，必要时剪去衣物。要在伤处未肿胀前把手表、皮带等紧身衣物去除，以防止肢体肿胀后无法去除而造成血运不畅，出现更严重的损伤。

（3）泡：脱下衣服后要继续把伤口泡在冷水中。如果出现小水疱，注意不要弄破，由医生处理。

（4）包：使用干净的或无菌纱布或棉质布类覆盖伤口，并加以固定。

（5）送：送医就诊，寻求医生的救助。

6. 轻度烫伤后为何要先用冷水处理？

烫伤后，立即起了水疱并明显感觉疼痛，属于浅度的。早期的冷水处理对创面的愈合有很大的好处：第一，能减轻疼痛；第二，可以减轻水肿、余热造成的深部组织损伤；第三，用冷水浸泡冲洗后，可以使创面的一些毒性物质减轻，对创面的继发性损伤也随之减轻。如果烫伤面积大，程度也比较深，用冷水处理可能会加重全身反应，引起休克，应该立即送医院抢救。

7. 烫伤后能用牙膏涂抹吗？

已破损的烫伤皮肤不能用牙膏涂抹。因烫伤部位的皮肤受损，易感染细菌。创面一旦感染就会影响其愈合的过程，牙膏不是无菌的，用这样的牙膏敷在创面上，会增加创面感染的机会。同时牙膏有许多种，有酸性的、碱性的，不分青红皂白地将牙膏涂在创面上，还可能侵蚀创面、增加创面的损伤情况。而烫伤较重需要就医的患者，覆盖在创口上的牙膏会掩盖创面，使医生无法立即确定创面的大小和深度，必须要先清洗再施救，这一过程费时费力，反而会增加患者的痛苦。

8. 如何正确使用热水袋?

老年人在使用热水袋前要定时检查其是否已经老化,是否漏水。在使用时水温不要超过 50℃,装水时不要太满,装入 70%左右的热水即可,并赶尽袋内空气,不可挤压热水袋,热水袋不可直接接触皮肤,外层要有绒布包裹隔热,最好不要把热水袋整夜置于被窝内,睡时取出,同时要经常检查皮肤的颜色。

9. 烫伤后产生的水疱是否挑破?

一般开水烫伤形成的水疱是无菌的,若表皮没有破损,此时水疱不是很大,是不需要挑破的。一方面要保持皮肤的完整,使细菌不易侵入,不易发生感染;另一方面保留皮肤能起到保护创面的作用。若水疱过大,疼痛明显,蛋白有凝固的可能,这时应用无菌针挑破,如果水疱已经破掉,则需用消毒棉签擦干水疱周围流出的液体。此时最好由家属或陪护人员将老人送到专科医院进行处理,以免发生更大的损伤。

10. 开水烫伤后应怎样处理?

(1)出现烫伤后不能慌乱,不管是穿着衣服被烫伤或是裸露肌肤被烫伤,都应该第一时间用大量的冷水进行冲洗。使用冷水冲洗的时间建议保证达到半小时以上为佳,建议水温控制在 20℃左右即可。一定要注意不要使用冰水,这样很容易冻伤烫伤部位。

(2)用冷水处理完毕后可用一些油膏类药物对患处进行涂

抹，涂抹牙膏或酱油的做法是绝不可取的。

当然以上只是针对一些情况不严重的烫伤，如果是大面积或者比较严重的烫伤，经过一般紧急护理后应立即送往医院。

11. 轻度烫伤后的家用小处方有哪些？

（1）轻度烫伤后用淡盐水轻轻涂于灼伤处，可以消炎。

（2）轻度烫伤后用鸡蛋清、熟蜂蜜或香油混合调匀涂敷在受伤处，有消炎止痛的作用。

（3）轻度烫伤后切几片生梨，贴于烫伤处，有收敛止痛的作用。

（4）轻度烫伤后可将干废茶叶渣在火上焙微焦后研细，与菜油混合调成糊状，涂搽伤处，能消肿止痛。

（5）皮肤被油或开水烫伤后，皮肤未破者，可用风油精、万花油或植物油（如麻油）直接涂于伤面，一般 5 分钟即可止痛。

（6）轻度烫伤后马上抹些肥皂，可暂时消肿止痛。

（7）热油烫伤后，切生土豆片敷在患处，热了再换新的土豆片，很快就不再疼，而且不留瘢痕。

12. 如何预防老年人烫伤？

（1）将取暖设备放置在安全可靠的地方，避免老年人熟睡时长时间开启放置。

（2）电褥子、热水袋等一定要在正规商场购买，不要贪图便宜购买假冒伪劣商品，忌用热源直接接触皮肤保暖，尽量避免热源整夜置于被窝内。

（3）为高龄老年人洗脸、洗脚、擦澡时，一定要控制水温在 40℃左右，并告知高龄老年人使用热水时一定要先测试温度再使用。

（4）老年人一定要有专人监护，尽量不让老年人单独在寓所居住。

（5）一旦发生低温烫伤应立即冷敷患处，并及时就医。

（6）在使用各种新潮取暖设备时一定要严格按照说明书操作，在使用金属和电子取暖器时有封套的要使用封套，并且不能紧贴皮肤。

13. 烫伤后家庭急救方法有哪些？

（1）清洗：用温水清洗被烫伤的皮肤，然后用干净的毛巾吸干，水流能除去细菌和死去的皮肤组织。

（2）用烫伤药膏：在受伤的皮肤上抹一层处方药膏（硝酸银软膏和硫胺类抗生素），促进伤口愈合，防止感染。

（3）覆盖伤口：在医生的指导下决定是否要在伤口处涂抹药膏，或者是否还需要用没有黏性的纱布盖住伤口，并用绷带包扎。

（4）拉伸：如果伤处位于能弯曲的部位，如手掌或手指的关节，则每天至少拉伸 10 次，每次 1 分钟，以防止其缩短变形。

第 *10* 章
冻　伤

1. 什么是冻伤？

冻伤是寒冷潮湿作用下引起的全身性或局部性损伤。轻时可造成皮肤一过性损伤，需要及时救治；重时可致永久性功能障碍，需进行专业救治。

2. "冻伤"和"冻疮"有什么区别？

冻疮只累及皮肤，冻伤受损范围广。急性冻疮是冻伤最轻的类型。冻疮是可以预防的。

3. 老年人的哪些部位容易发生冻伤？

老年人冬季冻伤的部位多数是裸露在外或是不耐寒的部位或者离心脏较远的肢体末端，如鼻子、耳朵、面颊、下颌、手指、脚趾等部位。尤其在初冬，常常是经过锻炼发热和出汗的身体，由于潮湿或穿衣不合理，造成身体局部组织血液循环不良，出现组织营养障碍，致使局部组织冻伤。在寒冷的低温下，身体暴露在外的部分或防寒效果达不到合理适应度的部位，当温度在-5℃以下时，加上寒风和潮湿散热的作用，易出现皮肤和皮下组织冻伤的现象。

4. 老年人发生冻伤的危险因素有哪些？

（1）寒冷：当局部温度降至组织冰点（0℃）以下时就会发生冻伤。冻伤的程度与寒冷强度、接触寒冷的时间成正比。

（2）潮湿：潮湿本身不能引起冻伤，但是由于水的导热性比空气大20倍，在寒冷的情况下，潮湿可以破坏防寒服装的保暖性，增加体热的散失，易继发冻伤。

（3）大风：空气是热的不良导体，停留在皮肤和衣物之间相对静止的空气具有良好的保温作用。风速增加可以使这部分空气的传导、对流作用显著增加，破坏保温层，使体热散失。通常风速越大，体热散失越快，人体越感觉寒冷，使大风成为继发冻伤的主要因素。

（4）局部血液循环障碍：冻伤后在低温条件下肢体长时间静止或挤压，伤后肢体肿胀引起鞋袜相对狭小及扎止血带等原因，可造成老年人身体局部血液循环障碍，促使冻伤更加严重。

（5）防寒措施不当：老年人防寒服装单薄、破损、保暖性差等，都可以使继发冻伤的危险性增加。

5. 老年人冬季户外锻炼如何防止冻伤？

进行锻炼之前，应充分准备好热身活动，身体各部位关节和拉压韧带要充分，直到身体微发热为止。锻炼时在防寒、保暖、防止冻伤及结合自身状态的情况下，可选择的锻炼项目有跑步、球类、滑雪、散步、武术、跳舞等。尽量选择一些舒缓的运动如太极、散步、慢跑等，选择性地进行球类、武术、滑雪等运动强度高的运动。另外在冬练中老年人尤其要注重身体的保暖，注意衣、裤、鞋、帽、手套的保暖性能并适时地增减。

6. 如何判断老年人冻伤的严重程度？

（1）局部冻伤按其严重程度分为四度。

1）Ⅰ度冻伤：伤及表皮层。局部红、肿、痒、痛、热，约1周后结痂而愈合。

2）Ⅱ度冻伤：伤达真皮层。红、肿、痛、痒较明显，局部起水疱，无感染结痂后2～3周愈合。

3）Ⅲ度冻伤：深达皮下组织。早期红肿并有大水疱，皮肤由苍白变成蓝黑色，知觉消失，组织性坏死。

4）Ⅳ度冻伤：伤及肌肉和骨骼。发生干性和湿性坏疽，需植皮和截肢。

（2）全身冻伤：患者有寒战、四肢发凉、皮肤苍白或青紫，体温下降，全身麻木，四肢无力，嗜睡，神志不清，进而昏迷。

7. 如何预防老年人发生冻伤？

（1）严冬季节做好保暖措施。如出门时戴口罩、手套、防风耳罩。鞋袜大小、松紧要合适，不要过紧过小。

（2）保持服装鞋袜的干燥，受潮后要及时更换，注意保温。

（3）要避免肢体长期静止不动。坐久了、立久了要适当活动，以促进血液循环、减少冻疮发生。

（4）冬季易患冻疮者，除皮肤起水疱或溃烂者外，可用生姜片或辣椒涂擦易患冻疮的部位，每日 2 次，可减轻或避免冻疮的发生。对已患冻疮的部位，应加强保暖。

（5）坚持体育锻炼，增强抗寒能力，常用冷水洗手、洗脸、洗脚。冬季要注意对身体暴露部位的保暖，还可涂些油脂。

8. 当气温未到零下时老年人需要防冻伤吗？

当温度低于 10℃时，在身体的外露部位和离心脏较远的肢体末端，如耳、鼻、手、脚等部位血液活动不畅，很容易发生冻疮，尤其是之前患过冻疮的部位。因此老年人应保护好这些易发部位，避免发生冻疮。此外，脚的冻伤多发生在秋末冬初还不算太冷的时段，尤其需要老年人注意。

9. 治疗冻伤的偏方可信吗？

传统的偏方并不是说完全不能用，而是要根据病情的不同来医治，切勿乱试用，否则不但对病情无帮助，反而会引起皮肤感染，加重病情。有些偏方只适用于冻疮早期。一旦冻疮的水疱破了，就绝对不能再使用这些偏方，因为这不仅没有效果，辣椒、生姜中的刺激成分还会刺激溃疡面，加重溃疡。对于冻疮已溃破者，要护理好创口，以防感染，并可用 5%硼酸软膏、10%鱼石脂软膏、1%红霉素软膏涂擦及包扎，早晚各 1 次，连续用药 7 天，可促进伤口愈合，并要注意保暖，避免重新冻伤。

10. 冻伤后能用火烤吗？

冻伤后用火烤或者用热水烫，这种做法是错误的。冻伤之后，正确的做法是温水快速复温，可采用 40～42℃恒温热水浸泡。对于手部的冻伤，可在与体温相近的温水中反复浸泡，每次浸泡 4～5 秒钟后取出，直到冻伤处恢复正常体温为止。一时无法获取温水时，可局部用手揉搓或置于救护者怀中、腋下慢慢复温，切忌直接用雪团按摩患部及用毛巾用力按摩，否则会使伤口糜烂，患处不易愈合。

11. 冻伤有哪些治疗方法？

（1）让患者脱去湿衣，加盖保暖衣物，让其安静休息。

（2）局部加湿。

（3）补充食物能量。

（4）及时吸氧。

（5）必要时遵医嘱使用呼吸兴奋剂等药品。

12. 老年人冻伤后有哪些急救措施？

（1）冻伤急救：迅速将冻伤伤员移入温暖环境（室温 25～26℃），脱掉或剪掉潮湿冻结的衣服鞋袜，防止继续受冻。尽快用 42℃的温水实施快速融化复温，复温至冻区感觉恢复，皮肤颜色恢复至深红或紫红色，组织变软为止。要求浸泡时间最好以 15～30 分钟为准。局部外敷冻伤膏，而后进行无菌包扎。禁用冷水浸泡、揉搓或火烤伤部。伤口疼痛可给予口服或注射止痛剂，抚慰老年人，给予心理支持。复温中应尽可能快速送医院进行专业治疗。必要时拨打急救电话，因为有些危急情况不是医院外场可以治疗的。

（2）冻僵急救：迅速脱离受冻现场，快速融化复温。此法适用于中、重度冻僵者。在数小时内使中心温度迅速回升，以渡过冻僵状态。采用全身浸泡法复温：将受冻者置于 34～35℃温水中，以防剧烈疼痛和心室颤动发生。5 分钟后将水温提高至 42℃，待直肠温度升至 34℃时，使冻者的呼吸、心跳和知觉恢复。待出现寒战、肢体软化、皮肤较为红润并有热感时，停止复温。避免发生复温后休克、代谢性酸中毒和心室颤动。复温时可用湿棉花轻压或用带肥皂沫的手轻轻按摩，不能用纱布和毛刷擦洗皮肤，以免造成皮肤损伤，避免增加感染的机会。浸入热水的部分越多越好，复温可以较快。颜面冻伤时，应用上述同种温度的水浸泡毛巾做持续湿敷，可用两条毛巾不断更换。

13. 快速复温时有哪些注意事项？

快速复温过程中应经常测量水温，适宜的水温为 38～44℃（以 42℃最好），因此必须不断添加热水，取出部分凉水，以维持水温恒定。温水快速融化复温的时间以 20～90 分钟为宜，复温过程中应经常观察冻伤部位的情况，如冻伤部位组织软化，皮肤转为潮红，特别是指（趾）甲床潮红，可考虑停止复温。

14. 老年人冻伤患肢如何护理？

由于老年人发生冻伤后相关部位血液循环差，皮肤感觉敏感度降低，抬高患肢，以利静脉血液及淋巴回流，减轻组织水肿并防止加重组织损伤。保持床铺平整、干燥、舒适，以防压伤皮肤；加强肢体远端保暖，严密观察冻伤部位的温度。指导老年人做适当的康复锻炼，对于卧床或行动力差的老年人，协助进行患肢肌肉按摩，避免发生肌肉萎缩。

15. 冻伤引起的小水疱如何处理？

白色或清亮的水疱液表示冻伤较表浅，这时应用无菌针挑破，如果水疱已经破掉，则需用消毒棉签擦干水疱周围流出的液体；血水疱液表示冻伤较重，应保持水疱皮的完整，促进结痂并防止感染。

16. 老年人冻伤会引起情感障碍吗？

老年人发生长期反复性发作的冻伤或者严重冻伤时，会影响他们的活动、交流等，从而改变其生活质量。这时老年人不仅要面对躯体疾病，还要面对心理上的压力。老年人情感障碍以抑郁发作、躁狂发作及混合发作为主要表现。其中多数以抑郁发作为主，表现为情绪低落、抑郁悲观、焦虑不安、沉默少语、缺乏兴趣、对周围事物的反应迟钝淡漠，甚至出现消极自杀的观念。

17. 如何对冻伤老人进行生活护理？

（1）保持环境清洁卫生，定期开窗通风，更换床单被褥，做好躯体疾病的护理，协助生活护理，指导功能锻炼，预防并发症。

（2）保持老年人个人清洁卫生，定期理发、修剪指甲，避免发生口腔感染。

（3）满足老年人的日常生活需求。

（4）加强营养，给予高热量、高蛋白、高维生素、易消化的食物，多吃蔬菜水果。

第 *11* 章
带 管 安 全

一、留置尿管

1. 什么是留置导尿？

留置导尿是指护理人员在无菌环境下将导尿管经尿道插入膀胱引流尿液，导尿后将导尿管保留在膀胱内引流尿液的方法。

2. 什么情况下需进行留置导尿？

患者出现以下情况需要进行留置导尿：如危重、休克时需要正确记录每小时尿量、测尿比重时；一些泌尿系统疾病手术后需要引流和冲洗时；尿失禁或会阴部有伤口时；做盆腔手术前为避免术中误伤需要排空膀胱时。

3. 导尿管应该多久更换一次？

留置导尿患者应该定期更换尿管，尿管的更换频率通常根据导尿管的材质而定，一般 1～4 周更换 1 次。

4. 集尿袋应该多久更换一次？

通常每周更换集尿袋 1～2 次，若出现尿液性状、颜色改变，需及时更换。

5. 进行留置导尿的患者能否下床活动？

进行留置导尿的患者是可以下床活动的，离床时应将导尿管远端固定在大腿上，以防导尿管脱出。集尿袋不得超过膀胱高度（腰部），防止尿液反流，导致感染发生。

6. 留置尿管期间应该注意什么？

（1）尿液超过 700ml 或尿袋的 2/3 时，应及时倒掉，倒尿时勿使尿袋出口处被污染，尿袋不可放于地上。

（2）保持尿管引流通畅，避免尿管牵拉、受压、扭曲、堵塞。如导尿管发生梗阻，无法排出，应马上到医院请医生处理。切勿自行拔除尿管，以免引起尿道黏膜损伤。

（3）保持尿道口清洁，女性患者用消毒棉球擦拭外阴及尿道口，男性患者用消毒棉球擦拭尿道口、龟头及包皮，每天 1～2 次。排便后及时清洗肛门及会阴部皮肤。

（4）为保护膀胱功能，导尿管应采用间歇引流夹管方式，使膀胱定时充盈排空，即 3～4 小时放尿一次，或有尿意时再放尿。

（5）多饮水，每天饮水保持在 2000ml 以上，尿量至少维持在 1500ml 以上，以减少尿路感染及尿路阻塞的机会，禁饮浓茶和咖啡，防止形成尿路结石。

（6）如出现发热、发冷、尿道疼痛、尿液浑浊、尿道口分泌物增加，请及时就诊。

二、鼻饲管

1. 什么是鼻饲？

鼻饲是指将流食、水、药物等经鼻导管注入胃内的方法。本法适用于因昏迷、吞咽困难等无法进食的患者，以延续患者生命，促进患者健康。

2. 鼻饲患者如何进行日常护理？

鼻饲患者在家进行护理时，鼻饲量每次不超过 200ml，根据全天总量和患者的消化吸收情况合理分配，间隔时间大于 2 小时。鼻饲喂食物前，应确定胃管在胃内，并先为患者翻身、吸痰，无禁忌证时，床头抬高不应超过 30°，鼻饲后用温开水冲净鼻饲管，降低床头并把管安置好，30 分钟内不予吸痰、翻身。鼻饲液温度要适宜，以 39～41℃为宜。持续注入鼻饲液时温度应与室温相同，过热易烫伤胃壁黏膜，过凉易引起消化不良、腹泻。鼻胃管外露部位须妥当安置，以免牵扯滑脱。每日应检查鼻胃管刻度，若发现鼻饲管脱出，应及时告知医生。每日用棉棒蘸水清洁鼻腔，及时清理口、鼻腔分泌物。鼻饲开始时量宜少，待患者适应后逐渐加量并准确记录鼻饲量。为患者更换胶带时，须将脸部皮肤拭净再贴，并注意勿贴于皮肤同一部位。意识不清或躁动不合作的患者，需预防鼻胃管被拉出，必要时可对患者双手做适当的约束保护。老年人胃潴留量大于100ml 时，应遵医嘱暂停管饲喂养。持续管饲喂养的老年人，翻身、吸痰时应暂停营养液滴注。

3. 如何保证胃管通畅？

给患者注入鼻饲液前，须确定胃管在胃内，为保证胃管通畅，应每 4 小时冲洗一次胃管，冲洗时应根据胃管的型号、手术部位、手术方式等选择 5ml 或 10ml 注射器。用 3～5ml 生理盐水冲洗胃管，冲洗时注意用力不可过猛。若有阻力不可硬冲，以免损伤胃壁或吻合口，造成出血或吻合口瘘。冲洗时若有阻力应先回抽胃液，如有胃液抽出表示胃管通畅，可再冲洗。若抽不出胃液、冲洗阻力大，应及时通知医生，配合处理。患者在家时应根据胃液的分泌情况定时抽吸，一般每 4 小时一次。抽吸胃液时吸力不可过大，以免损伤胃壁，造成黏膜损伤出血。

4. 老年人为什么容易发生胃潴留？

老年人吞咽结构退行性改变，反射功能渐趋迟钝；消化吸收功能减退，部分慢性病老人长期卧床，胃排空延迟，腹胀，咳嗽时引起呕吐；脑血管疾病、老年痴呆、帕金森病、脑损伤等神经病变均可导致胃潴留。

5. 发生胃潴留时应如何处理？

一经发现胃潴留，应立即停止进食，前往医院。有呕吐或反流者，如患者清醒，应鼓励其取半卧位呕吐出宿食；昏迷者取去枕平卧，头偏向一侧，同时立即清除呕吐物，防止误吸。

6. 鼻饲患者为防止误吸发生应如何做？

为患者在家进行鼻饲时要有耐心，不能操之过急，进食时患者应注意力集中，不要讲话，环境要安静。鼻饲后 1 小时内不宜搬动患者，不宜翻身叩背，尽量不吸痰。鼻饲 2 小时内不宜以头低脚高位体位引流。鼻饲后不能立即平卧，要保持半坐位 30～60 分钟。鼻饲前后抬高床头 30°～45°，以防食物反流。脑血管病伴偏瘫患者，健侧吞咽功能好于患侧，鼻饲时头偏向健侧，可明显降低呛咳误吸的发生。

第 *12* 章
PICC 携带者居家护理

1. PICC 需多久维护一次？

居家不使用 PICC 时需 7 天更换一次贴膜，7 天冲洗一次导管。同时更换输液接头或肝素帽。如遇贴膜潮湿、松动、卷边，需及时更换，如观察到有回血需立即冲洗导管。

2. 如果发现导管内有回血怎么办？

首先请不要惊慌，回流到导管内的血液不会伤害您，但是有可能会促进细菌生长，增加血凝块和感染的风险。只有当运动或俯身动作导致体内压力升高，三向瓣膜的阀门打开时，血液才有可能回流到导管内。如发现回血，尽快冲洗导管即可。

3. 安置 PICC 后可以洗澡吗？

如果您的一般健康状况良好，同时也无发生感染的风险，是可以洗澡的，但洗澡时要注意保护贴膜，可以用卫生纸外加保鲜膜完整地覆盖在贴膜上，避免贴膜浸入水中。

4. 如果导管断裂了怎么办?

PICC 导管最容易在软硬交接的地方即连接器与导管连接处发生断裂。如果导管发生断裂，应第一时间压住外露的导管，防止其回缩脱落至体内，同时应立即前往医院请医生/护士判断导管是否可以修复。

5. 如果对碘伏或医用胶布过敏怎么办?

如果发现皮肤过敏，可以用氯己定清洁皮肤，也可以用其他低敏性胶布固定。患者意识到导管出口部位的皮肤问题很重要，因为皮肤刺激可以增加导管感染的危险。

6. 听说某些化学品可能会损坏导管，是真的吗?

一些化学品可能会损坏导管。除非经过医生或护士检查，否则不要在导管周围使用任何化学物品，特别是丙酮、洗甲水和胶布清洗剂中都含有该成分，会损坏导管，注意不要使用。

7. 如果不小心将导管拔出，应该怎么办?

导管一般被护士妥帖地固定在皮肤上，除非是人为原因，否则导管不会全部跑到体外。一旦怀疑有导管脱出现象，请及时到医院联系护士妥善处理。

8. 如果忘了按时冲洗导管，应该怎么办?

只要您想起来，应该立即到医院冲洗导管。

第 *13* 章

便　　秘

1. 为什么会便秘？

便秘是临床常见的复杂病症，便秘时排便次数减少，每次排便间隔 2～3 天甚至以上，粪便量减少，粪便干结，排便费力，便后无舒畅感，此症状持续 6 个月以上即为慢性便秘。饮食结构不合理、饮食习惯不良、排便习惯不良、结肠功能紊乱及滥用泻药等都会引起便秘，此为原发性便秘。肠内或肠外的各种疾病如肠道肿瘤、肛门及肛周疾病，各种原因导致的肠梗阻、肠粘连，或神经性或精神性疾病等均可引起便秘，这属于继发性便秘。

2. 为什么老年人容易发生便秘？

便秘是老年人常见疾病之一，严重危害老年患者的健康，研究表明，老年人便秘患病率为 15%～30%，长期卧床的老年人便秘发病率达 80%。老年人发生便秘，有以下几类原因。

（1）老年人胃肠反射减弱，腹部及骨盆肌肉收缩力下降，容易排便乏力。

（2）老年人体力活动减少，或久病长期卧床，肠蠕动功能减弱变缓，粪便在肠内停留时间过长，所含水分大部分被肠系膜重吸收，致使粪便干燥、坚硬，难以排出。

（3）老年人因患痔疮、肛裂等，为避免排便时疼痛和害怕出血，总是有意识地控制便意，久之则发生便秘。

（4）老年人感觉口渴能力下降，当体内缺水时也不会感到口渴，使得肠道中水分减少，导致大便干燥。

（5）老年人由于前列腺增生、瘫痪或长期卧床，排尿不便而自行限水，易使大便干结。

（6）还有些老年人因为肠肿瘤阻塞、肠炎、放疗反应、手术创伤致肠腔狭窄、粘连，引起梗阻性便秘。

3. 生活中哪些因素会引起老年人便秘?

（1）饮食缺乏水分和膳食纤维：老年人常因牙齿不好，咀嚼困难，偏向摄取易消化、营养丰富、软烂无渣的食物，缺乏水果和蔬菜等富含水分、谷糠及粗纤维的食品，加之老年人偏食、进食单调，形成粪块的机械性刺激不足而使直肠薄膜充盈扩张，肠蠕动能力减弱，造成粪便硬结和排便反应减弱。

（2）情绪的改变：精神紧张、心情抑郁的老年人多数有便秘症状，这是因为神经调节功能紊乱的缘故。一些慢性病如甲状腺功能低下、神经衰弱、精神紧张、心情抑郁，环境改变或生活不规律等，都有可能造成或加重便秘。

（3）运动减少：运动可促进胃肠蠕动、消化液分泌增加，有利于消化和吸收，促进机体新陈代谢。老年人因身体不便，活动减少，加上肠道水分减少，故容易产生便秘。

（4）药物因素：老年人多潜在各种疾病，长期服用某些药物，如抗忧郁药、制酸剂、利尿药、铁剂、抗帕金森病药物等，这些药物会抑制肠蠕动，引起便秘。

（5）一些老年人喜饮浓茶：由于茶内有较高的鞣酸，可使胃肠黏膜收缩，使黏膜分泌黏液减少，润滑作用减弱，致大便不易排出。

4. 老年人便秘会带来哪些危害？

（1）诱发精神紧张、焦虑等：患有便秘的老年人由于便秘的长期折磨常有精神紧张、焦虑不安、失眠健忘、头晕恶心等神经精神症状，有的甚至出现精神抑郁，反过来这些症状也会使便秘及伴发症状加重。

（2）引起直肠炎、肛裂、痔疮、溃疡等：干硬粪块的刺激使局部水肿、血运障碍，也可引起或加重直肠肛门疾病（直肠炎、肛裂、痔疮、溃疡等）而形成恶性循环。

（3）引起口苦、口臭、食欲缺乏：便秘时，粪便潴留，有害物质吸收可引起老年人胃肠神经功能紊乱而致食欲缺乏、腹部胀满、嗳气、口苦、肛门排气多等表现。

（4）引起反常性腹泻：老年人便秘常因粪块嵌塞于直肠腔内难以排出，但排便时有少量的水样粪质可绕过粪块自肛门流出，正所谓中医所说"热结旁流"。这种情况有时会被误认为是腹泻，从而忽视了造成这种反常性腹泻的根本原因是便秘。此时如果误用止泻剂，反而会加重便秘。

（5）引起多发性腹痛：老年人因长期便秘致排便条件反射

低下，括约肌松弛，便意降低加重便秘，大量硬粪块导致肠梗阻不全，刺激近端肠壁肌肉强力收缩，引起阵发性腹痛。间歇性肠壁肌肉松弛，腹痛可缓解。因此腹痛可反复发作，表现为：腹痛无规律，反复突然，阵发性发作，持续数分钟至数十分钟。疼痛部位不固定，常见于脐周（脐下）与全腹，可轻可重，发作间歇无异常表现。

（6）引起肠穿孔：较硬的粪块压迫肠腔及盆腔周围结构，阻碍结肠扩张，使直肠或结肠受压而形成粪便溃疡，严重者可引起肠穿孔。肠穿孔是便秘严重的并发症之一。

（7）易患直肠癌：有害毒素持续刺激肠黏膜，易导致大肠癌。

（8）体内积聚胺、硫醇和吲哚等有毒物质：长期便秘的老年人无法将这些有毒物质及时排出体外，当这些有毒物质超过肝脏解毒能力时，便随血液循环进入大脑而损害中枢神经，使脑神经的正常功能紊乱、智力下降和记忆力衰退。特别是老年人，由于进食量相对减少，消化能力下降，加上活动量减少，易因便秘而导致老年痴呆。

（9）引起会阴下降、直肠前突、子宫或膀胱脱垂、大小便失禁：慢性便秘不仅使直肠长期受累，还会影响膀胱前列腺及盆底肌等盆腔器官的功能。长期便秘可因过度用力排便使盆腔肌肉受慢性刺激而呈痉挛性收缩状态，久而久之，这些肌肉群就会出现营养不良及过度松弛现象。如果盆底肌经常处于松弛或异常紧张状态，将会引起盆腔器官移位甚至脱垂，结果不仅会使便秘加重，还会引起各器官功能障碍和脱垂，常见的有会阴下降、直肠前突、子宫或膀胱脱垂、各种盆底疝，有时还会引起大小便失禁。

（10）造成猝死：特别是高血压、冠心病、心力衰竭患者。便秘患者用力排便时会使血压急剧上升，诱发心绞痛、心肌梗死、脑出血、脑卒中，甚至猝死。

5. 怎样预防和减轻便秘？

（1）养成良好的排便习惯：排便是一种自主与反射性相结合的生理过程。有的老年人因特殊情况，经常错过排便最适时间；有的老年人又过分强调按时排便，认为每天必须排便，滥用泻药，造成结肠过度排空，下次排便直肠感应降低；有的老年人大便时间较长，或便时看书报，造成注意力不集中、便意不浓，排便时间越来越长，则便秘自然越来越严重。因而要根据个人的情况，确定一个适合自己的排便时间，如起床后、睡前、饭后等，不管有无便意或能不能排出，都要按时蹲厕所，只要长期坚持，就会形成定时排便的条件反射。蹲厕时不要看书、看报或听广播，集中精力缩短时间，养成每日按时排便的好习惯。

（2）适当运动：老年人活动的原则应根据年龄、体质状况，循序渐进，持之以恒。鼓励老年人进行适量的体育锻炼，锻炼的时间以每天 1～2 次，每次半小时左右，一天运动总量不超过 2 小时为宜，最好选择早晨起床后、下午或晚上，根据个人情况而定，以 15：00～17：00 为宜。对于年老体弱、腹肌虚弱无力或长期卧床的患者，可在床上活动四肢、翻身或做收腹提肛运动，逐渐增加体力，增强排便能力。

（3）腹部按摩：每天睡觉前或起床前按摩腹部，按结肠的走行方向（顺时针）做环行按摩，每次 15～30 分钟，手法由轻到重，再由重到轻，并配合做收缩肛肌运动，增强肠蠕动，以利于产生便意。患有腹部炎症及恶性肿瘤的患者不宜进行腹部按摩。

（4）心理暗示：有的老年人对排便过分注意，认为每天必须有一次大便，否则就焦虑不安，精神紧张，大脑一直处于紧张状态，结肠蠕动失调，有可能真的造成便秘。因此首先要从心理上解除其恐惧和焦虑，不要过分注意或强调每日必便的规律，大便提前或错后 1～2 天也属正常。克服不良的习惯和情绪，使其精神放松，不然每逢大便前产生一种担忧的心情，将会分散生理排便动作而造成排便困难。

6. 便秘的老年人饮食上应该注意什么？

（1）适当多饮水：平时少喝浓茶，多喝白开水，不要等到口渴时才喝水。增加晨起第一次的饮水量，最好在清晨先空腹饮一大杯白水、淡盐水或蜂蜜水（糖尿病患者除外），再适当活动，可湿润胃肠道，软化粪便，促进排便，便秘时老年人每天摄水量以 2000～2500ml 为最佳。心、肾功能不全者，应根据病情遵医嘱按时摄入足够水分。

（2）摄取足够的膳食纤维：老年人多食粗纤维含量丰富的食物是缓解便秘的必要措施。针对老年人咀嚼功能下降的特点，可将富含膳食纤维的蔬菜做成菜末，以便于老年人食用。

不同的食物品种所含膳食纤维的多寡不一。干豆类食物的总膳食纤维含量最多，平均为 36%，其次是粗粮类和鲜豆类，分别是 16% 和 14%，而细粮、蔬菜类和水果类的总膳食纤维含量较低，小于 10%。

膳食纤维中有可溶性膳食纤维和不溶性膳食纤维，老年便秘患者可增加不溶性膳食纤维含量高的干豆及粗粮类食物的摄入。下面列举一些利于排便的食物。五谷类：玉米、燕麦、糙米；水果类：香蕉、火龙果、木瓜、雪梨、葡萄、西梅等 ；绿叶菜类：菠菜、苋菜、芹菜、韭菜、白菜等；根菜类：萝卜、洋葱、红薯、南瓜、黄瓜等。

（3）供给 B 族维生素：多食用含丰富 B 族维生素的食物如粗粮、酵母、豆类及其制品等，可促进消化液分泌，维持和促进肠道蠕动，有利于排便。

（4）多食产气食物：产气食物如洋葱、萝卜、蒜苗等，可促进肠蠕动，有利于排便。

（5）适当增加高脂肪食物：花生、芝麻、核桃及花生油、芝麻油、豆油等能直接润肠，其分解产物脂肪酸有刺激蠕动作用，每天脂肪总量可达 100g。

（6）养成合理饮食习惯：吃饭定时定量，每餐进食不宜过饱。尤其禁忌暴饮暴食，吃饭要细嚼慢咽。饭前先喝几口汤，正如运动员做预备活动一样，可调动整个消化系统的活动，此时消化腺开始分泌消化液，消化器官开始蠕动，为进食做好准备。为了使食物易于消化，加工食物应切碎煮烂，避免油炸过腻的食物。饮食禁忌烟酒及辛辣食物，因这些食物对通便不利。

7. 在家如何判断粪便有无异常?

（1）从颜色方面观察：正常颜色为：成人粪便呈黄褐色或棕黄色、婴儿的粪便呈黄色或金黄色。异常颜色如：柏油样便——上消化道出血；白陶土色便——胆道梗阻；暗红色血便——下消化道出血；果酱样便——肠套叠、阿米巴痢疾；粪便表面沾有鲜红色血液——痔疮或肛裂；白色"米泔水"样便——霍乱、副霍乱。

（2）从内容物方面观察：正常粪便内容物主要为：食物残渣、脱落的大量肠上皮细胞、细菌及机体代谢后的废物。异常的粪便内容物有：消化道感染或出血，粪便中可见混入或粪便表面附有血液、脓液或肉眼可见的黏液；肠道寄生虫感染，粪便中可查见蛔虫、蛲虫、绦虫节片等。

（3）从气味方面观察：正常粪便气味：因膳食种类而异，肉食者味重，素食者味轻。异常时：严重腹泻患者的粪便呈碱性反应，气味极恶臭；下消化道溃疡、恶性肿瘤患者的粪便呈腐败臭；上消化道出血的柏油样粪便呈腥臭味；消化不良、当脂肪及糖类消化或吸收不良时，粪便呈酸臭味。

第 *14* 章
血　　压

1. 什么是血压？通常所说的高压、低压指什么？

　　血压是血液在血管内流动时，作用于血管壁的压力。正常的血压是血液循环流动的前提，血压在多种因素调节下保持正常，从而为各组织器官提供足够的血量，维持正常的新陈代谢。血压过低或过高（低血压、高血压）都会造成严重后果。

　　通常所说的高压指心室收缩时，主动脉压急剧升高，在收缩期的中期达到最高值，这时的动脉血压值称为收缩压，也称为"高压"。低压指心室舒张时，主动脉压下降，在心舒张末期动脉血压的最低值称为舒张压，也称为"低压"。需要注意的是，高血压、低血压跟"高压"、"低压"不是一个概念。

2. 什么是高血压、低血压，如何判断？

中国高血压指南诊断标准

血压分级	收缩压（mmHg）	舒张压（mmHg）
理想血压	<120	<80
正常血压	90～139	60～89
低血压	<90	<60

续表

血压分级	收缩压（mmHg）	舒张压（mmHg）
1级高血压	140～159	90～99
2级高血压	160～179	100～109
3级高血压	≥180	≥110
单纯收缩期高血压	≥140	<90

原则上应该将血压降到患者最大耐受水平，正常人血压控制目标值至少＜140/90mmHg，合并糖尿病或慢性肾脏病者血压控制目标值应该＜130/80mmHg。老年患者收缩期高血压的降压目标为：收缩压140～150mmHg，舒张压＜90mmHg但不低于65～70mmHg。

3. 哪些人易患高血压和低血压？

（1）易患高血压的人群：父母、兄弟、姐妹等家属有高血压病史者，肥胖者，过分摄入盐分者，过度饮酒者，神经质易焦躁者，等等。

（2）易患低血压人群：青年女性，长期卧床休息者，病后初愈者，体质瘦弱者，更年期妇女，老年人群，等等。

4. 影响血压的常见因素有哪些？

（1）遗传因素：高血压具有明显的家族聚集性，若父母均有高血压，则子女的发病概率高达46%，约60%的高血压患者可询问到有高血压家族史。

（2）超重、肥胖：体重指数增加是高血压最危险的因素。

肥胖人脂肪多，这不仅引起动脉硬化，而且还因脂肪组织内微血管的增多，造成血流量增加，易使血压升高。超重、肥胖者高血压患病率较体重正常者高 2～3 倍。

（3）饮食：食入过多的食盐，可引起高血压。此外，钾和钙摄入量过低，优质蛋白质的摄入不足，也是可使血压升高的因素之一。

（4）精神紧张：长期精神紧张、愤怒、烦恼、环境的恶性刺激（如噪声），都可以导致高血压的发生。

（5）工作压力过大：随着人们生活节奏越来越快，各方面的压力也越来越大，人体将产生一系列的变化。其中体内的儿茶酚胺分泌增多，会引起血管收缩、心脏负荷加重，引发高血压。

（6）吸烟：吸一支普通的香烟，可使收缩压升高 1.3～3.3kPa（10～30mmHg），每日吸 30～40 支香烟，可引起小动脉的持续性收缩，久之，小动脉壁的平滑肌变性，血管内膜渐渐增厚，形成小动脉硬化。

（7）饮酒：随着饮酒量的增加，收缩压和舒张压也逐渐升高，长期如此，可使高血压发病率增大。过度饮酒还有导致脑卒中的危险。我国高血压防治指南建议男性每日饮酒不超过30mg（约 1 两白酒），女性应不超过 20mg。

（8）性别、年龄：年龄与高血压的关系也很大。年龄每增加 10 岁，高血压发病的相对危险性增加29.3%～42.5%。

（9）季节：夏季气温高，血管扩张，汗液蒸发，使血液浓缩而血管系统容积增大，导致两者比值减小，使血压整体水平下降，而冬季反而升高。因此，在季节更替时，高血压患者一定要严密监测血压，在医生的指导下调整用药。

（10）体位：不同的体位对血压也有不同的影响。立位时最高，坐位次之，卧位最低。另外，右侧卧位比左侧卧位对血压的影响小。

5. 居家养老监测血压应该注意什么?

老年患者在家应定期测量血压，1～2 周应至少测量一次。定时服用降压药，不随意减量或停药，日常生活中应注意劳逸结合、注意饮食、适当运动、保持情绪稳定、睡眠充足。老年人降压不能操之过急，应循序渐进，这样可减少心脑血管并发症的发生。

6. 在家测量血压如何确保测量准确?

首先确保血压计袖带尺寸合适，这一点十分重要。血压袖带过小，可能导致患者测得的收缩压增加 10～40mmHg。测量血压时，袖带应当直接佩戴在手臂上，因为衣物可能对收缩压造成 10～50mmHg 的偏差。患者测量血压时应坐在舒适的椅子上，双腿不交叉，背部和手臂均有支撑，休息 3～5 分钟后进行，测量过程中保持平静，勿与他人交谈，如使用手动血压计，勿充气过满，眼睛平视血压计刻度，即可测得较为准确的结果。

7. 血压高的老年人饮食上应该注意什么?

血压高的老年人应该进行低盐饮食,每人每日食盐量小于 6g,高钠饮食会使血压升高。注意补充微量元素如钾(黄豆、番茄酱、菠菜、比目鱼和小扁豆等)、镁(麦片、糙米、杏仁、榛子、菠菜和牛奶等)、钙(每天一斤奶)等。多吃鱼,鲑鱼、金枪鱼、鲱鱼、比目鱼等含有丰富的蛋白质,有助于降低血压。多吃核桃、亚麻籽、豆腐、大豆、菜子油等富含 α-亚麻酸的食物,有助于降低血压。正确使用调料,茴香、薄荷、黑胡椒等不仅可为食物提鲜,还可减少食盐的用量,有助于降低血压。每天一瓣蒜,大蒜中的大蒜素能缓解高血压。戒烟限酒,以每日饮酒量小于 25g 为宜。

8. 血压高的老年人如何运动?

血压高的老年人运动时应注意切勿空腹,以免发生低血糖,尽量选在饭后 2 小时进行。运动量勿过大,要采取循序渐进的方式来增加运动量,运动强度以不使自己疲劳为宜。运动时应穿舒适吸汗的衣服,尽量选棉质衣服、运动鞋等,选择安全场所如公园、活动室,并注意环境气候变化,如夏天避免中午艳阳高照的时间,冬天要注意保暖,防止脑卒中的发生。若生病或不舒服,应停止运动。

9. 常见低血压的原因有哪些?

低血压的发病原因很多,与饮食、生活、工作、锻炼有关。
(1)体质性低血压:与遗传和体质瘦弱有关,轻者可无如何症状，重者出现精神疲惫、头晕、头痛，甚至晕厥。夏季气温较高时更明显。

（2）直立性低血压：患者从卧位到坐位或直立位，或长时间站立时出现血压突然下降超过 20mmHg，并伴有明显症状。这些症状包括：头昏、头晕、视物模糊、乏力、恶心、认识功能障碍、心悸、颈背部疼痛。直立性低血压与多种因素有关，如多系统萎缩、糖尿病、帕金森病、多发性硬化病、更年期障碍、血液透析、手术后遗症、麻醉、降压药、利尿药、催眠药、抗精神抑郁药等。

（3）继发性低血压：由某些疾病或药物如脊髓空洞、风湿性心脏病、降压药、抗抑郁药和慢性营养不良症、血液透析引起的低血压。

（4）餐后低血压：有的老年人进食后机体为了保证食物的消化，体内血液出现重新分配，腹部血管扩张充血，脑部血液供应减少。老年人由于心脏功能减退、血管硬化及血压反射调节功能障碍等原因，常常在饱腹后血压下降，出现低血压症状。老年人饭后应该休息半小时，然后再活动。

（5）排尿性低血压：有的老年人睡后起床小便，常常突然晕倒，神志不清地躺在地上，甚至四肢抽搐，不一会儿自然清醒，恢复常态。其原因是老年人排尿时屏气用力，使迷走神经的张力增高，血管、小静脉相应扩张，回心脏的血量相对减少。另外老年人排尿后因腹部压力降低，腹腔内静脉扩张，静脉回流入心脏的血液减少，心脏排血量也相对减少，血压明显下降。预防方法：经常运动，增强适应能力。小便时最好取坐位，不要屏气，以减少腹腔内压。

10. 低血压的老年人生活中应该注意什么？

早上起床时，应缓慢地改变体位，防止血压突然下降，起立时不能突然，要转身缓缓而起，肢体屈伸动作不要过猛过快，如提起、举起重物或排便后起立动作都要慢些。晚上睡觉将头部垫高，可减轻低血压症状。洗澡水温度不宜过热、过冷，因为热可使血管扩张而降低血压，冷会刺激血管而增高血压。常淋浴以加速血液循环，或以冷水、温水交替洗足。有下肢静脉曲张的老人尤宜穿有弹性的袜子、紧身裤，以加强静脉回流。体格瘦小者应每天多喝水以便增加血容量。

11. 低血压的老年人饮食上应该注意什么？

低血压患者饮食上应注意荤素搭配，多饮汤水，合理搭配膳食。选择适当的高钠、高胆固醇饮食，多吃富含蛋白质、铁、铜、叶酸、维生素 B_{12}、维生素 C 等"造血原料"的食物，如猪肝、蛋黄、瘦肉、牛奶、鱼虾、贝类、大豆、豆腐、红糖及新鲜蔬菜、水果，纠正贫血，有利于增加心排血量，改善大脑的供血量，提高血压。忌食生冷及寒凉、破气食物；少吃玉米、赤小豆、葫芦、冬瓜、西瓜、芹菜、山楂、苦瓜、绿豆、大蒜、海带、洋葱、葵花籽等具有降压效应的食品。每餐不宜吃得过饱，每日清晨老年人可饮些淡盐开水，或吃稍咸的食物以增加饮水量，适量喝茶。

第 *15* 章
老年皮肤撕脱伤

1. 什么是皮肤撕脱伤?

老年皮肤撕脱伤是创伤性伤口，通常发生在老年人的四肢和骶尾部，是由外力（如跌倒、粘贴膏药、推拿及牵拉）等原因导致的皮肤撕裂。

2. 为什么老年人容易发生皮肤撕脱伤?

老年人容易发生皮肤撕脱伤与其自身的皮肤特点有关。

（1）老年人皮肤萎缩，皮肤起皱变薄，弹性降低。

（2）皮肤增生，老年疣或老年斑等。

（3）皮肤迟钝，皮肤功能降低，易受损伤，对细菌、病毒等防御力降低。

（4）皮肤敏感，对阳光曝晒等反应过于强烈，如皮肤干燥、疼痛及瘙痒等。

3. 老年人皮肤撕脱伤有什么特点? 有哪几种类型?

老年人一旦出现皮肤撕脱伤，伤口不易恢复，容易受到感染形成化脓等炎症，因而会出现"一撕就破"、"破后难愈"的情况。发生撕脱伤后不可大意，应及时就医，若在家处理不当，严重的可造成皮肤坏死，而付出沉重的代价。

（1）片状撕脱伤：受损皮肤呈大片样撕脱，肌肉、肌腱及血管等深部组织可保持完整或伴有不同程度的挫裂伤，营养皮肤的血管可有广泛断裂，皮肤因血运障碍而丧失活力，且逐渐发生坏死。

（2）套状撕脱伤：受损皮肤连带皮下组织自损伤肢体的近端向远端"脱袖套"或"脱袜套"样撕脱，深部组织的肌肉、肌腱或血管等多有损伤，皮肤血液供应常受到严重破坏，其成活往往较为困难。

（3）潜行剥脱伤：受损皮肤多保持完整，可有很小伤口或挫伤，但皮下与深筋膜间有广泛潜行性的剥脱分离，严重者可达整圈肢体，可因皮下血管受损程度而影响血运及皮肤的活力。

4. 居家护理老年皮肤撕脱伤有哪些注意事项？

（1）合理放置受伤部位皮肤，如手部给予抬高并适当制动，两腿间放置软枕。

（2）需卧床患者，及时给予翻身等措施，防止皮肤长时间受压。

（3）减少外界不良因素的刺激，及时处理患者的分泌物及排泄物，避免皮肤长时间被潮湿浸润。

（4）给卧床的老年人使用便盆时不可硬塞或硬拉。

（5）加强皮肤防护，保证足够的液体和营养摄入。

（6）老年人生活用物就近放置，穿防滑布鞋，防止再跌倒等。

5. 老年人皮肤撕脱伤愈合后有哪些注意事项？

（1）饮食：多进食富含蛋白质与钙质的食物，如鱼松、虾皮、虾米、芝麻酱、干豆、豆制品、奶制品、雪里红、芥菜茎、油菜、小白菜等，防止骨质疏松。

（2）避免在手术初期长途旅行。

（3）不宜长时间站或坐。

（4）避免任何增加关节负荷的运动，如跑步等。

（5）避免增加体重。

（6）局部皮肤出现红、肿、痛及不适时，应及时到医院就诊，以便发现和治疗感染。

6. 老年人如何预防皮肤撕脱伤的发生？

老年人皮肤撕脱伤重在预防：首先，老年人的身体和四肢应尽量少暴露在外，尤其是夏季，市民穿着清凉，很多老年人由于缺乏遮盖，碰擦造成撕裂；其次，老年人平日行动应当心，避免拉、搓、撕等外力作用，穿脱衣物要缓慢；再次，建议老年人穿宽大、质地厚软的衣服，减少摩擦；最后，如夏季炎热，老年人不要在烈日下曝晒，可用草帽、旱伞遮阳，避免烈日晒伤皮肤。

7. 如何提高老年人对皮肤撕脱伤的抵抗力？

（1）保持皮肤表面的清洁卫生，勤洗澡、勤更衣能提高皮肤抵抗细菌、病毒的侵害，但要注意少用肥皂或刺激性大的洗浴用品，因老年人皮脂腺分泌功能低下，被肥皂水洗过后过于干燥，反而会降低皮肤抵抗力并容易引发瘙痒症。

（2）常用温水擦浴，温水对皮肤是一种很好的刺激，可以使体表的毛细血管扩张，血液循环加速，从而为皮肤提供较充分的氧和必需的营养物质，还可适当涂润肤露。

（3）注意饮食，如少吃辛辣刺激性食物、多吃蔬菜、不吸烟、少饮酒等。

第 *16* 章
老年突发情况

一、心绞痛

1. 什么是心绞痛？

心绞痛是冠心病最常见的症状，是由心肌缺血引起的胸部及其附近部位的不适感。典型的心绞痛主要表现为发作性胸痛（压迫感、紧缩感或烧灼感），疼痛发作时，患者往往被迫停止正在进行的活动，直到症状缓解，持续时间较短，仅2～10分钟。

2. 心绞痛发作的诱因有哪些？老年人应注意什么？

（1）心绞痛发作的诱因

1）劳累：如走路急、干重活、办急事、搬重物、跑步、爬楼等。一般典型的劳力性心绞痛常在相似的劳力条件下发生，但有时同样的劳力只在早晨引起心绞痛，这与人体早晨交感神经张力比较高，以及早晨人体对疼痛比较敏感有关。

2）脑力劳动过度：如长时间紧张的脑力工作、连夜加班或工作压力大，不能很好地休息等，都是引发心绞痛的通常原因。

3）情绪激动：如过度兴奋、悲伤、惧怕、愤怒、焦虑不安等。

4）饱餐：是引发心绞痛的另一常见原因，且通常发生在进餐后 20～30 分钟，这主要与进餐后胃肠道消化食物要消耗更多的能量、增加心脏负担有关。

5）排便：小便困难或大便秘结者，因排便用力也可引发心绞痛。

6）严寒：严寒天气的锻炼等均易引发心绞痛，这与冷空气刺激引起血管（包括冠状动脉）收缩有关，这也是冠心病患者冬季易犯病的原因之一。

7）吸烟：大量吸烟能够降低血氧含量及心绞痛患者的运动耐量，此时活动更易引发心绞痛。另外，吸烟还可增加冠状动脉的敏感性，碰到刺激因素易发生痉挛，引发或加重心绞痛发作。

（2）注意事项：老年人平时应保持心情舒畅；劳逸结合，保证休息；合理均衡饮食；大小便通畅，排便不畅勿用力，可借助缓泻剂；晨练不宜过早，严寒天气不在室外晨练；晚饭不宜过饱，七分适宜。

3. 心绞痛的误区有哪些？

（1）心电图正常就能排除心绞痛：有些人有典型的心绞痛症状，但是心电图的检查结果正常，就认为自己可以排除冠心病了。超过一半的心绞痛患者不发病时心电图是正常的，如果您做心电图检查时没有发作心绞痛，心电图很有可能是正常的；部分冠心病患者即使在心绞痛发作时，心电图也是正常的。所以即使心电图检查结果正常，如果有典型的心绞痛发作症状，也应进一步检查，如行冠状动脉造影检查明确诊断，以免贻误病情。

（2）胸痛就一定是心绞痛：胸痛不仅可以来源于心脏，也可以由其他组织的病变引起。胸部的脏器及上腹部的消化器官都可以引起胸痛。

（3）心绞痛就一定会痛：相当一部分患者心肌缺血发作时并不会产生明显的痛感。往往用"火辣辣的烧灼感"、"胸口压了块石头"或"胸口捆了绷带"的压迫感、紧缩感和胀闷感等词汇描述胸部的不适感。一定要注意，切勿被心绞痛这个名词所迷惑，心绞痛不一定是心脏有绞痛感。

4. 老年人心绞痛发作时应如何自我处置？

（1）有冠心病的老年人，外出或居家时需随时携带硝酸甘油等药物。

（2）老年人在家中心绞痛发作时，应立即原地休息，原地坐在椅子上或平躺在床上，千万不要走动，还要尽量少说话，深呼吸。

（3）如果在户外活动时心绞痛发作，要原地坐在台阶上、路边或其他安全的地方。

（4）可舌下含服速效救心丸或复方丹参滴丸。将一片硝酸甘油放在舌头下含服，要注意硝酸甘油每次只能含 1 片，如果疼痛不能缓解，可每 5 分钟重复含 1 片，连续使用不能超过 3 片。

（5）如身边没有人带药，也不要着急，放松、休息。

（6）休息或服药后疼痛若没有缓解，需立即向身边人求救或拨打电话向医生求救。

二、糖尿病

1. 什么是血糖？

血液中的糖分称为血糖，其绝大多数情况下都是葡萄糖。体内各组织细胞活动所需的能量大部分来自于葡萄糖，所以血糖必须保持一定的水平才能维持体内各器官和组织的需要。

2. 为什么每次检测血糖结果不一样？

因为影响血糖值的因素很多，如食物的总量和种类、运动的强度和时间、药物的用量和种类、进餐后的饮水量和情绪、环境突然变化都可以引起血糖变化；寒冷刺激、体内缺水、感冒可使血糖升高；外伤、手术、感染发热、严重精神创伤或疾病如心肌梗死、脑卒中等的应激也可以使血糖升高。

3. 什么时间查血糖才准确？正常值是多少？

正常人进餐后在一定时间内血糖从低到高再到低变化。与糖尿病诊断相关的血糖可在以下三种情况下检测。

（1）随机血糖：是一天中任意时间测得的血糖，正常值＜11.1mmol／L，≥11.1mmol／L 达到糖尿病诊断标准。

（2）空腹血糖：是指前一晚进餐后 8 小时以上，次日空腹时测得的血糖，正常值≤6.1mmol／L，＞7.0mmol/L 达到糖尿病诊断标准。

（3）餐后 2 小时血糖：是指进餐后 2 小时测得的血糖，正常值≤7.8mmol／L，＞11.1mmol／L 达到糖尿病诊断标准。

4. 空腹血糖和餐后血糖意义一样吗?

（1）空腹血糖主要反映在基础状态下（最后一次进食后 8～10 小时）没有饮食负荷时的血糖水平，若是糖尿病患者，可了解胰岛的基础功能，即病情轻重及前一天晚间的用药量是否合适。

（2）餐后血糖能了解是否有糖耐量异常或餐后血糖升高的糖尿病，如空腹血糖正常，而餐后血糖高，说明胰岛素的基础分泌量尚可，餐后大剂量释放胰岛素欠佳。

5. 血糖升高了怎么办?

无论是空腹血糖升高还是餐后血糖升高，都应该进行监测和干预，为明确诊断，应到医院做详细的检查。

（1）监测：根据个人血糖高低和稳定情况确定复查时间，如糖耐量异常，应每年复查 1～2 次空腹、餐后血糖和糖化血红蛋白，如已诊断为糖尿病或已经用药治疗，需根据血糖稳定情况增加监测次数。

（2）干预措施

1）饮食起居要有规律：有规律的生活可以使机体新陈代谢保持在最佳状态。

2）戒烟忌酒：酒本身就是高热量食物，可使血糖升高。香烟中的尼古丁刺激肾上腺素的分泌，也可使血糖升高。

3）控制摄入总热量：少吃高糖、高脂肪、高蛋白食物，注意粗细粮搭配。

4）加强运动：运动能使胰岛素敏感性增高，可有效降低血糖。根据个体情况选择运动种类，快步行走能达到很好的效果。

5）控制体重：超重、肥胖者减轻体重能有效降低血糖。

6）非药物方法：效果不理想应咨询医生，必要时选用药物治疗。

三、脑部疾病

1. 什么是脑卒中？

脑卒中又称"脑中风"，是指颅内突发血管阻塞或破裂引起的脑血流循环障碍和脑组织功能或结构损害的疾病，可以分为缺血性脑卒中（脑梗死）和出血性脑卒中（脑出血）两大类。

2. 脑卒中的危险因素有哪些？

高血压、糖尿病、吸烟、饮酒、肥胖、高脂血症、心脏病、50 岁以上男性是脑卒中最主要、最常见的高危因素。动脉粥样硬化是发生脑卒中的重要病因之一，多见于老年人。

3. 脑卒中的危害有哪些？

脑卒中给人们带来的危害不是简单的疾病，而是一种不同程度的功能残疾问题。轻者头痛、恶心、呕吐、肢体麻木无力、不能书写、不会讲话，口角歪斜等；重者偏瘫、失语、丧失劳动能力，危及生命，给家庭、社会带来极大的痛苦及负担。

4. 脑卒中的早期有哪些表现？

脑卒中的早期主要表现有以下几个方面。

（1）一侧面部或者上下肢体突然感到麻木、无力、口角歪斜、流口水。

（2）突然说话困难或听不懂别人说话。

（3）短暂性的视力障碍、一过性的黑矇、视物模糊。

（4）突然眩晕或者跌倒。

（5）突发对近期的事情遗忘。

（6）出现难以忍受的头痛、恶心、呕吐。

（7）看东西成双影。

（8）发音、吃饭困难，饮水呛咳，说话时舌头发笨。

（9）走路不稳，左右摇晃不定，动作不协调。

5. 老年人脑卒中预警信号有哪些？

（1）突发的一侧面部或肢体的麻木或无力。

（2）突发的视物模糊或失明，尤其是单侧。

（3）失语，说话或理解语言困难。

（4）突发严重的不明原因的头痛。

（5）不明原因的头晕，走路不稳或突然跌倒，尤其是伴有上述任何一种症状时。

以上症状的持续时间可能短到几秒钟，但不论时间长短，只要发生以上症状，就应及时就医。

6. 老年高危人群的错误认识有哪些?

脑卒中及脑卒中高危人群患者的错误认识有以下几点，请广大高危人群及患者注意。

（1）每年春秋输两次液能预防脑血管病。

（2）脑卒中发病突然，无法预防。

（3）血压正常或偏低者不会得脑卒中，血压降得越低越好。

（4）血压高时服药，血压正常时就可以停药。

（5）瘦人不会得脑卒中。

（6）脑卒中治好后不会再发。

7. 什么是晕厥?

晕厥是一种临床综合征，又称昏厥。因短暂的全脑血流量突然减少，一时性大脑供血或供氧量不足，引起意识丧失，历时数秒至数分钟，恢复较快。

8. 遇到晕厥时怎么办?

无论是何种原因引起的晕厥，都要立即将患者置于平卧位，头低脚高，松开腰带，保暖。目击者也可以从腿开始向心脏方向按摩，促使血液流向脑部；同时可以按压患者人中穴，通过疼痛刺激使患者清醒，晕厥患者清醒后不要急于起床，以避免引起再次晕厥。

9. 什么是癫痫？

癫痫（epilepsy）俗称"羊角风"、"羊痫风"、"抽风"，是神经系统的常见病和多发病，可发生于任何年龄，以肌肉抽搐和（或）意识丧失为主要表现。

10. 癫痫是什么原因导致的？

导致癫痫的原因有很多，任何影响中枢神经系统的疾病都有可能产生癫痫。一些最常见的原因有：头部创伤、脑卒中、脑部肿瘤、脑部感染、脑部缺氧，以及遗传因素。然而大约一半的癫痫未发现具体的原因。

11. 癫痫可怕吗？

癫痫发作时，给人的感觉非常可怕。不少人错误地认为：得了癫痫后"非呆即傻"。癫痫并不可怕，它只是一种普通的、常见的疾病，只要诊断明确，按照医嘱进行正规治疗，大多数都能控制。

12. 癫痫患者生活中需要注意的问题有哪些？

（1）日常生活中应该注意的问题：保证足够的休息时间，保持规律的生活，避免过度劳累，外出时要带足够的抗癫痫药物，保持乐观的态度等。

（2）在工作和生活中要注意安全，避免癫痫发作时不必要的伤害，尤其要注意水、电、煤、气等的安全使用，一些危险的运动（如爬山、游泳、骑自行车等）尽可能不参加或在家人陪伴下适量参加。

（3）含有乙醇成分的饮料应少饮用或不饮用。

（4）光敏感性癫痫患者应避免看电视、使用计算机等。

（5）癫痫患者应该避免独自驾驶汽车。

（6）尽可能避免一切诱发因素，如高热、睡眠剥夺、接种疫苗等。

13. 如果家人有癫痫，那么在家里应该有什么安全措施？

大多数癫痫患者发作时是不会受伤的，但也不是完全没有可能。当有患者发作时，可以采取以下措施减少伤害。

（1）把热水器设置在较低的恒温，以防止烫伤。

（2）尖角处垫上衬垫。

（3）用完烤炉后要记得关。

（4）选择有扶手的椅子，防止坠落。

（5）把浴室的门安装成向外开而不是向内开的，这样如果有人靠着门摔倒了，浴室门还可以打开。

（6）如果炉灶不用，把燃烧器、控制器移开。

第17章

造　瘘

1. 为什么要做膀胱造瘘术？

膀胱造瘘术是一种暂时性或永久性尿流改道的方法，通常在耻骨上膀胱做造瘘，使尿液引流到体外，能有效解除尿路梗阻。瘘管是连接空腔脏器体表、空腔脏器的病理性管道，通常有 2 个以上的开口。

2. 永久性膀胱造瘘术适用于哪些患者？

永久性膀胱造瘘术主要适用于老年前列腺炎、尿道肿瘤、良性前列腺增生、全身情况差不适合手术治疗及神经源性膀胱所致的尿液排空障碍所引起的尿潴留。随着医学进步及人口老龄化，此类疾病发病率升高，因此该术式成为诸多老年患者的首选。

3. 如何在家中进行造瘘管的护理？

（1）每天用 0.05% 碘伏或 0.1% 苯扎溴铵（新洁尔灭）消毒造瘘口 2 次，2 次 / 天，一般 2～3 天换药 1 次，夏季每日更换，发生漏尿、浸湿或脱落则及时更换，保持内衣清洁，以减少感染机会。注意保护造瘘口周围皮肤清洁，鼓励老年人多饮水、多排尿，进行生理性膀胱冲洗。水量每天 2000ml 左右，睡前、夜间、晨起都要适量饮水，尽可能昼夜均匀分开，增加尿量起到稀释尿液、冲洗尿路的作用，防止尿路感染和结石形成。

（2）按时更换引流袋：每周更换引流袋 1 次，引流管和引流袋的位置切忌高于膀胱区，引流袋应置于膀胱区下方，防止尿流逆行导致感染。

（3）注意观察尿液的变化：指导老年人及家属正确观察尿液的颜色、性质，正常尿液应是淡黄色、清亮，尿液异常如有浑浊、脓性或血尿，多为泌尿系感染，应尽早到医院就诊治疗。

4. 膀胱造瘘管需多长时间更换一次？

通常情况下应尽量减少更换造瘘管的次数，以避免尿路感染，造瘘管只是在发生阻塞时才更换。膀胱造瘘管一般 1 个月更换一次，如造瘘管有阻塞要及时更换，同时每周更换 1～2 次尿袋。

5. 长期留置膀胱造瘘管的老年患者饮食应该注意什么？

患者应进食清淡、粗纤维、易消化的食物，避免便秘，因为腹压过高会引起伤口出血及瘘管脱出。多食富含蛋白质及维生素的食物，有利于提高机体抵抗力及营养神经，同时少吃动物内脏等含嘌呤高的食物，避免结石形成阻塞瘘管。每日饮水量约为 2500ml，可起到稀释尿液、冲洗尿路的作用。

6. 如何正确固定引流袋？

在日常生活中，常常见到携带引流袋的老年人，他们易产生自卑、情绪低落、孤独感、易怒等心理问题，怕被人嫌弃，不愿出门，使其生活质量明显下降。如果能妥善地隐藏固定好尿袋，将增强患者的自信心，使之能以良好的心态回归社会。建议在裤腰以下约 40cm 处，将备好的布料缝制成一个略大于引流袋的口袋，用于存放尿袋。置管后的老年人可穿改制好的裤子，将膀胱造瘘管自然下行至侧缝粘扣处引出，将尿袋置于口袋内，使引流管的位置始终处于尿道口水平以下，保证引流通畅，增加老年人的自信心，提高其生活质量。

7. 造瘘口周围出现炎症怎么办？

造瘘口开放初期，由于粪便稀薄，大便次数多，对皮肤有反复刺激性，且造瘘袋不透气，而老年人皮肤多为干性，局部抗感染能力弱，易于感染。因此，结肠造瘘口术后保持局部皮肤清洁干燥非常重要，老年人及家属要养成清洁消毒的习惯，每次换粪袋时应洗手，在大便不成形时睡觉宜采取右侧卧位，以减少造瘘口流出的粪汁对周围皮肤的刺激，大便成形时，排便后用棉垫将瘘口盖好，用绷带固定，减少对皮肤的刺激，每次倾倒大便后先用清水清理周围皮肤，然后涂氧化锌软膏保护，再放置干净粪袋。

8. 如何更换造瘘袋？

当造瘘袋内充满 1/3 排泄物时，须及时更换。首先一定要洗手，洗手后剥离造瘘袋，注意保护皮肤，用湿纸巾涂圈式清洁皮肤，注意观察有无造口皮肤情况，抹干皮肤，必要时涂皮肤保护粉，测量并裁剪底板，底板需大于造口底圈 2～3mm，撕去底板粘纸，必要时底板口周围涂防漏膏，贴上造瘘袋，反复按压抹平，关闭造瘘袋。除使用一次性造瘘袋外，可备 3～4个造瘘袋用于更换，使用过的造瘘袋可用中性洗涤剂和清水洗净，或用 1：1000 氯己定（洗必泰）溶液浸泡 30 分钟，擦干、晾干备用。

9. 结肠造瘘后如何进行饮食调节？

结肠造瘘后患者应该注意个人卫生，避免进食胀气、刺激性食物，如洋葱、地瓜、豆类、萝卜等；避免进食容易引起腹泻的食物，如绿豆、菠菜等；含乙醇类饮料最好别喝。少食易产生臭味的食物，如柿子、葡萄干、干果及油煎食物等。以上都不是绝对的，但要把握好度，根据自己的身体情况进行调节，多饮水，避免暴饮暴食，养成定时排便的好习惯，保持大便成形。

10. 如何在家中进行扩肛训练？

在造瘘早期，为预防造瘘口狭窄，要及早进行造瘘口的扩肛训练，在术后 10 天老年人或家属右手的示指及中指戴上涂抹了石蜡油的手套，缓慢插入人工肛门 4cm 左右至第二关节处，然后两指尽量分开并转动手指，持续 2～3 分钟，根据大便情况，每周扩肛 1～2 次，使造口内径保持在 2.5cm 为宜，持续 2～3 个月。

第 *18* 章
老 年 走 失

1. 为什么老年人容易走失?

老年人走失的主要原因是其患有老年痴呆或精神疾病,也有的是因为年龄太大,记忆力减退,辨识能力差。除了老年人自身特点外,城市建设和生活方式的不断改变,也是让他们容易迷失的原因。

一些印象中的参照物,如道路、树木、商店名称等发生变化后,独自外出的老年人就很可能迷失方向,找不到回家的路。还有就是老年人离开了熟悉的环境来到城市投靠子女,突然改变的陌生环境让他们一时无法适应。

2. 老年人走失的危险因素有哪些?

走失的危害是严重的,在走失的过程中可能发生不良事件(如跌倒、车祸、撞伤),甚至危及生命。一次走失经历也会给老年人心理上带来很大创伤。对家人而言,影响正常工作且花大量时间寻找,以及造成老年伴侣或家属因焦虑突发疾病。

3. 老年人走失的易发人群有哪些？

患有阿尔茨海默病（老年痴呆）或精神疾病的老年人；年龄太大，记忆力减退，辨识能力差的老年人；从农村地区迁入子女所在城市生活的老年人。

4. 怎样预防老年人走失？

（1）为预防老年人走失，可制作一张身份卡挂牌或运用智能手机追踪软件等，老年人外出时，随身携带。

（2）老年人（头脑较清醒型）手机里预存家庭、子女及属地派出所等的联系电话，老年人基本情况以短信方式预存机内，便于走失时联系。

（3）老年人外出时尽量由家人或者保姆陪同，或穿颜色鲜亮醒目的服装，单独出行时有"亮点"，让车辆"醒目"，以免撞到他们。

（4）老年人单独外出时，避免去生疏的环境，以免迷路走失。

5. 阿尔茨海默病的表现是什么？

该病起病缓慢或隐匿，患者及家人常说不清何时起病。该病多见于70岁以上（男性平均为73岁，女性为75岁）老年人，少数患者在躯体疾病、骨折或精神受到刺激后症状迅速明朗化。女性较男性多（男女比例为1：3）。该病分成三个时期。

第一阶段（1～3年）：为轻度痴呆期。可表现为记忆减退，对近期事情遗忘突出；判断能力下降，不能对事件进行分析、思考、判断，难以处理复杂的问题，多疑，情感淡漠等。

第二阶段（2～10 年）：为中度痴呆期。表现为远近记忆严重受损，时间、地点定向障碍，不能独立进行室外活动，在穿衣、个人卫生及保持个人仪表方面需要帮助，可有失语、失用和失认，情感由淡漠变为急躁不安，常走动不停，可见尿失禁等。

第三阶段（8～12 年）：为重度痴呆期。患者已经完全依赖照护者，严重记忆力丧失，仅存片段的记忆；日常生活不能自理，大小便失禁，缄默，肢体僵直等。

6. 阿尔茨海默病的前期征兆有哪些？

（1）记忆力日渐衰退，影响日常起居活动。

（2）处理熟悉的事情出现困难。

（3）对时间、地点及人物日渐感到混淆。

（4）判断力日渐减退。

（5）常把东西乱放在不适当的地方。

（6）抽象思想开始出现问题。

（7）情绪表现不稳及行为较前显得异常。

（8）性格出现转变。

（9）失去做事的主动性。

（10）明了事物的能力及语言表达方面出现困难。

7. 如何预防阿尔茨海默病？

（1）生活要规律：每天按时起床、洗漱、吃饭、午睡。避免昼夜颠倒，否则不利于患者康复。另外，还应做一些力所能及的家务活动。

（2）锻炼大脑：医学研究证明，脑子越用越灵，不用则慢慢退化。所以要多动脑筋，强化记忆。可经常听年轻时最喜欢的音乐，看年轻时最喜欢的电影，讲述最感兴趣的往事等。

（3）忌酒和戒烟。

（4）饮食调节：既要防止高脂食物引起胆固醇升高，又要摄取必要的营养物质，如蛋白质、无机盐类、氨基酸及多种维生素，特别是维生素 B_1、维生素 B_2 和维生素 B_6、维生素 C 和维生素 E 对老年人很重要。

（5）保持精神愉快利于长寿及精神健康。

（6）安排好生活与学习：即使到了老年，也要坚持学习新知识，保持与社会广泛的接触。

（7）在离退休之前，要在思想上、物质上做好一切准备，丰富的生活内容、广泛的兴趣和爱好可以促进脑力活动，还可以延缓或减轻衰老的进程。

（8）定期进行体检、及早治疗躯体疾病，对自己的身体既要重视，又不可过分注意或担心。

（9）经常户外活动：老年人适合进行有氧运动项目，如步行、慢跑、体操、太极拳、太极剑及传统舞等。

8. 预防阿尔茨海默病老人走失的注意事项有哪些?

(1)家属要为此类老年人创造一个轻松、宁静的生活环境,使其心情保持愉悦,这样会对病情起到一个很好的辅助作用,使之能够积极地配合医生对此进行治疗。

(2)平时家属和其进行对话时,语气千万要平和,不要用过分的语言来刺激老年人,以免对其心理造成阴影,产生离家出走的念头。家属应该多鼓励老年人树立自信心,积极配合治疗,使病情得到康复。

(3)对于饮食,家属一定要注意以清淡、柔软易消化的食物为主,应该做到合理的营养膳食,使痴呆老年人的体内营养均衡,提高其身体素质,使之更好地面对病情的困扰。

9. 老年人怎样丰富自己的晚年生活?

(1)教养子孙:退休后在家带孙子孙女是绝大多数老年人的生活状态,回归家庭也因此成为大多数中国老人退休后的首选。这样既可以解决子女上班孙辈没有人带的问题,还可以充实老年人的生活。退休后则可以更好地关爱家人。都说抱孙不抱子,老年人可以享受含饴弄孙的乐趣,担负起教养孙辈的重任,为子女分忧解难,有利于家庭和谐欢乐,维持幸福的家庭环境。

(2)发展才能和培养兴趣:老年人要学会培养自己的兴趣爱好,兴趣爱好可以帮助老年人充实自己的空余时间,享受生活的乐趣。例如，钓鱼、书法、种花、跳舞、唱歌等，只要是老年人感兴趣的，都可以尝试一下。根据个人的特点，老年人可以利用多年积累的经验，创造条件，开辟工作的新天地。有烦恼的人对事情往往没有兴趣，但是兴趣是可以培养的。做喜欢的事情，提高技能，使自己胜任社会工作，从而体验快乐。

（3）参加志愿者活动：许多老年人退休在家无所事事，容易胡思乱想，其实老年人可以利用自己的特长参与相关的志愿者活动，不仅能给他人带去温暖，也发挥了余热。美国《健康心理学杂志》刊登的研究表示，无私从事志愿工作的人比不乐于助人的人更长寿。因此，如果老年人身体力行，平时喜好社会活动，喜欢与人交流，都可以义务发挥余热，如充当社区、居委会管理员，或者参与其他志愿者活动，开拓新的生活领域和人际关系，排解孤独寂寞，增添生活情趣。

（4）再返岗位："活到老，干到老"是不少刚退休老年人的选择，他们有的因为经验、资历深厚，被挽留在原领域继续发挥余热；有的出于经济上的考虑，接着找事干，这些都值得鼓励。因此，如果老年人身体健康、精力旺盛，又有一技之长，可以积极寻找机会，做一些力所能及的工作，一方面可发挥余热，为社会继续做贡献，实现自我价值；另一方面可使自己精神上有所寄托，充实生活，增进身体健康。但是，工作必须量力而为，不可勉强，要讲究实效，不图虚名。

（5）学习新知识：老年人退休后，并未离开社会。为了跟上时代，继续学习是很多求知型老年人的选择。老年人退休后应继续学习新知识，看书读报，关心国家大事，有条件者可参加老年大学，充实自己的生活。一方面，学习能促进大脑的使用，使大脑越用越灵活，延缓智力的衰退；另一方面，要避免变成孤家寡人就要通过学习来更新知识，跟上时代。最重要的是，学习新东西能帮助老年人加强人际交往，既满足了爱好，挖掘了潜力，也增强了幸福感和生存价值。

（6）旅游享受生活：读万卷书不如行万里路，退休后，时间宽松了，正是实现旅游梦想的好时候。和老伴一起出游，畅游世界名胜、品尝各式佳肴，这样的生活是大部分人退休后的美好设想。如果老年人爱好游山玩水，且拥有比较健康的身体，家里经济条件也相对宽裕，旅游生活不失为一种选择。老两口儿坐下来，每人写出自己想去的地方，之后把两人的愿望放在一起，看看有哪些地方是都想去的，拟定先后顺序和时间，一步步实现旅游梦想。旅途中相互支持、鼓励，既增进感情，也可进一步丰富人生阅历。

第 **19** 章
老年药物外渗

1. 什么是静脉输液外渗？

静脉输液外渗是指静脉输液期间，药液从血管漏出进入血管周围组织，表现为局部红肿、疼痛、发热或发凉，严重者局部皮肤坏死。

2. 老年人静脉治疗易发生药物外渗的自身原因有哪些？

（1）老年人血管壁增厚、变硬，管腔狭窄，血管弹性降低，脆性增加，对抗机械损伤及抗化学能力下降，易发生药液外渗。

（2）老年人由于机体逐渐衰老，输液速度需减慢，往往由于输液时间较长而发生外渗。

（3）老年人因慢性病反复住院，长期输液，造成相同血管静脉壁针孔多，再穿刺时易出现液体外渗。

（4）老年人反应迟钝，痛感减低，行为功能减退，容易失控，如看护不当易致针头移位。

3. 老年人静脉治疗易发生药物外渗的其他原因有哪些?

（1）药物因素：药物浓度过高和药物本身的理化因素，刺激性大的药物，例如，缩血管药物如多巴胺、间羟胺、去甲肾上腺素等使血管处于强烈收缩状态、血管硬化，易发生药物外渗。

（2）疾病因素：癌症患者反复接受化疗，反复穿刺，静脉脆弱，是外渗的危险因素；外周血管疾病如血管硬化，易发生外渗；老年糖尿病患者由于糖、脂肪代谢障碍，血管硬化，也易发生外渗；老年患者发生右心衰竭时，全身静脉淤血，血液回流受阻，容易发生外渗。

（3）技术因素：护士缺乏经验，对血管不了解，选择血管位置不合适，输液工具选择不当。

（4）环境温度及治疗因素：环境温度及液体温度过低，输液量过大，持续输液时间过长，输液速度过快等。

4. 老年人输液时如何预防外渗?

（1）输液前，上身穿宽松衣服，防止因输液侧衣服太紧阻碍血液循环。

（2）输液前尽量保持心情放松，尽量按照护士的引导去做，以免情绪太紧张影响操作者成功穿刺。

（3）输液中保持输液侧肢体平行移动，以免针头在血管内来回移动，损伤血管，引起药液外渗。

（4）输液时，若天气寒冷需注意保暖（如放置暖手袋等），防止血管过度收缩，加重药液刺激血管。

（5）输液时由于老年人感觉迟钝，更应注意输液部位的观察。当感觉输液部位肿胀等情况时应及时告知医护人员。

（6）输液时专业人员根据药液的性质和功能调节输液速度后，老年人切勿因药液输液速度太慢失去耐心而加快输液速度，防止药物浓度过高等刺激血管。

（7）输液后用拇指沿血管方向纵行向上按压棉球，将两个穿刺点（皮肤穿刺点和静脉穿刺点）同时压住，防止渗血、渗液。

第 *20* 章
老年心理健康

1. 老年心理健康的定义是什么?

我国著名的老年心理学专家许淑莲教授把老年人心理健康的标准概括为五条：热爱生活和工作；心情舒畅，精神愉快；情绪稳定，适应能力强；性格开朗，通情达理；人际关系适应强。

2. 老年人心理健康的标准是什么?

（1）认知健全：喜欢学习，保有一定的好奇心，有一定的学习能力，可有限地发挥自己的才能，满足自己的兴趣，较少或无明显的认知问题。

（2）感情正常：心境愉快轻松，能基本控制自己的情绪，较少消极情绪。

（3）自我观念健全：有基本的自我了解，能接受自己的现状，有基本的自尊、自信，生活目标切合实际，较少自我问题。

（4）性格健全：乐观、幽默、开朗、有责任心，且较少自我问题。

（5）能保持正常人际交往与良好人际关系：喜欢交往，对人看法客观，对人态度积极，与家人关系融洽，与周围人友好相处，较少人际交往问题。

（6）与外界环境保持良好接触：客观认知环境，参与感兴趣的活动，力所能及地有所作为，在不违背社会道德原则下追求个人满足感，有安全感，有自我保护意识和能力，有意识地防止社会病态心理感染，较少社会适应问题。

（7）能平衡过去、现在和未来：提高现在的生活质量和乐趣，多回忆往日的成功、幸福与快乐，积极看待往日的负面经历，积极面向未来。

3. 心理健康对老年人有什么影响？

人类 65%～90% 的疾病都与心理上的压抑感有关。老年人中 85% 的人或多或少存在着不同程度的心理问题，没有健康的心理就会导致各种疾病，例如，压抑情绪容易生癌，急性子易患高血压和心脏病，良好的情绪则可以防病。

4. 老年人的心理特点有哪些？

（1）认知能力低下：老年人身体功能衰退，大脑功能发生改变，中枢神经系统递质的合成和代谢减弱，导致感觉能力降低、意识性差、反应迟钝、注意力不集中等。主要表现为两个方面：首先是感觉迟钝，听力、视觉、嗅觉、皮肤感觉等功能减退，而致视力下降、听力减退、灵敏度下降；其次是动作灵活性差、协调性差、反应迟缓、行动笨拙。

（2）孤独和依赖：孤独是指老年人不能自觉适应周围环境，缺少或不能进行有意义的思想和感情交流。孤独心理最容易产生忧郁感，长期忧郁就会焦虑不安、心神不定。依赖是指老年人做事信心不足，被动顺从，感情脆弱，犹豫不决，畏缩不前等，事事依赖别人去做，行动依靠别人决定。长期的依赖心理会导致情绪不稳，感觉退化。

（3）易怒和恐惧：老年人情感不稳定，易伤感，易激怒，不仅对当前事情易怒，而且容易引发对以往压抑情绪的爆发。生气后常常产生懊悔心理。恐惧也是老年人常见的一种心理状态，表现为害怕，有受惊的感觉，当恐惧感严重时，还会出现血压升高、心悸、呼吸加快、尿频、厌食等症状。

（4）抑郁和焦虑：抑郁是常见的情绪表现，症状是压抑、沮丧、悲观、厌世等，这与老年人脑内生物胺代谢改变有关。长期存在焦虑心理会使老年人变得心胸狭窄、吝啬、固执、急躁，久之，会引起神经内分泌失调，促使疾病发生。

（5）睡眠障碍：老年人由于大脑皮质兴奋和抑制能力低下，造成睡眠减少、睡眠浅、多梦、早醒等睡眠障碍。

5. 老年人心理健康的影响因素有哪些?

（1）衰老和疾病：人到60岁以后，会产生一系列生理和心理上的退行性变化，体力和记忆力都会逐步下降。这种正常的衰老变化使老年人难免有"力不从心"的感受，并且带来一些身体不适和痛苦。尤其是高龄老年人，甚至担心"死亡将至"而胡乱求医用药。在衰老的基础上若再加上疾病，有些老年人就会产生忧愁、烦恼、恐惧心理。

（2）精神创伤：老年人退休后，会面临各种无法回避的变故，如老伴、老友去世，身体衰老，健康每况愈下等。精神创伤对老年人的生活质量、健康水平和疾病的疗效都有重要的影响，有些老年人因此陷入痛苦和悲伤之中不能自拔，久而久之必将有损健康。

（3）环境变化：最多见的是周围环境的突然变化，以及社会和家庭人际关系的影响，老年人对此往往不易适应，从而加速衰老过程。

6. 老年人心理老化的表现有哪些？

（1）已经没有任何创新的企图，而且感到空虚乏味。

（2）对需要付出较多脑力的工作越来越感到力不从心。

（3）认定自己属于时代的落伍者。

（4）觉得家人及周围的人都和自己过不去而想超然于众人之外。

（5）对发生在自己身边的事视而不见、反应冷淡。

（6）常不厌其烦地向别人提起自己的往事，不管人家愿不愿意听。

（7）当生活稍不如意时常常会怨天尤人。

（8）当面临突发事件时会不由自主地感到紧张无措。

（9）平日里的一切活动都是以围绕自己为中心进行的。

（10）变得越来越固执己见、自以为是。

（11）常常曲解别人的好心劝告，听不进别人的任何意见。

（12）唠叨起来没完，而且没有心思听别人讲话。

（13）常找不到自己放置的东西，要费很大劲才能找到，记忆力明显不如以前。

（14）常常沉湎于对往事的回忆之中并感到不安。

（15）自感办事效率明显降低，做某一件事时总是一拖再拖。

（16）渐渐对那些没有用途与价值的东西产生兴趣。

（17）对生活中的繁杂之事感到厌烦甚至惧怕。

（18）常找借口逃避与陌生人接触。

（19）渐渐变得感情用事，言行中的理智成分越来越少。

（20）经常白天也需要较多的睡眠，而且要靠浓茶提精神。

7. 老年人如何维护和增强心理健康？

老年人如何做到年高而不老、寿高而不衰，把高质量的生活和愉快的身心把握在自己手中呢？根据我国古今养生保健的理论和实践，概括为四个字，即"动"、"仁"、"智"、"乐"。

（1）"动"，即多运动。"生命在于运动。"实践证明，运动可延缓衰老，生物学家的研究已经证明人的机体"用进废退"，古人也早就提出"不动则衰"。日本一位研究老年人问题的专家指出"君欲延年寿，动中度晚年。"因此，老年人要注意加强身体的适度锻炼，循序渐进，持之以恒。俗话说，"饭后百步走，活到九十九"，就是这个道理。

（2）"仁"，即心地善良，待人宽厚。"仁者寿"为无数长寿老人的实践所证实。在生活中可以看到，长寿老人几乎个个慈祥善良。美国心理学家研究表明，同情与帮助他人也有利于自身的心理健康。哈佛大学心理系曾做过一个实验，让学生看一部妇女在印度帮助患者与贫苦人的影片，看完电影后对学生的唾液进行化验分析，发现学生体内的免疫球蛋白 A 显著增加。专家们为此得出结论，对他人不幸遭遇的同情与援助可以提高自身的免疫机制。常言道："心底无私天地宽"、"善有善报，恶有恶报"，就是说，对人宽厚、帮助别人，不仅有益于别人，也有利于自身。有位年逾九旬但身体颇健的老医生说："我不可能无私，但以'少私'两字为座右铭，'少私'好处很多，可以开心，可以宽旷。名利淡泊了，与人少争了，就能心平气和、身心健康。我有今日之健,也许是对人宽厚,时时处处为他人着想,专心工作的缘故。"

（3）"智"，即勤于学习，科学用脑，尤其要善于用科学的知识指导养生保健。老年人步入第二人生阶段，最主要的心理准备就是重新学习，丰富精神生活，延缓大脑衰老。"树老怕空，人老怕松，"要"活到老，学到老"。进入老年需要学习的东西很多，如老年自我保健、老年社会学、老年心理学、家政学等。同时还要了解国内外大事，了解社会变更，学习新知识，更新观念，紧跟时代的步伐。另外，还应该更新自己的专业知识和技能，学两手具有新时代特征的技术，如打电脑、上网等。"网上的世界真精彩"，网上有很多值得老年人惊喜的东西。

（4）"乐"，即保持乐观情绪，保持好奇心，时刻保持积极向上的心理状态。"正视现实，接受挑战；乐观豁达，安享晚年；适应今天，迎接明天"。也就是说，只要每个人都能乐观豁达，与时俱进，保持积极向上的人生态度，那么其生活质量和人生价值将具有更大的社会意义。马克思曾经说过："一种美好的心情，比十服良药更能解决生理的疲惫和痛苦。"快乐与豁达是一种宝贵的资源，不仅要会享用，更要善于发掘。清代著名画家高相轩曾总结有"十乐养生延寿法"：①耕耘之乐。②把扫之乐。③教子之乐。④知足之乐。⑤安居之乐。⑥畅谈之乐。⑦漫步之乐。⑧沐浴之乐。⑨高卧之乐。⑩曝背之乐。可谓"乐者寿"之集大成者，当代老年朋友应当效法学习。

以上关于老年心理保健的四个字，也可以归纳为"动者寿，仁者寿，智者寿，乐者寿"。

8. 老年焦虑症的表现有哪些？

老年焦虑症本是较易治疗的心理疾病，但因识别率低，导致精神致残、自杀率高，成为老年健康的一大杀手。老年人焦虑症的表现为：

（1）表现出焦虑、恐慌和紧张情绪。

（2）有些患者为躯体不适感而焦虑不安。

（3）患者发现难以控制自己的担心。

老年人焦虑症的表现症状发生时最突出的症状是焦虑情绪，这种情绪长期积累会引发焦虑症。一旦发现老年焦虑前兆，最好及时治疗，防止病情恶化。

9. 什么是老年抑郁症？

老年抑郁是最常见的老年心理问题，其发生率为 24%～55%。老年抑郁症是指首次发病于老年期（60 岁以后），以持久的抑郁心境为主要临床症状的一种精神障碍。老年抑郁症以持久的抑郁心境为基本症状，具体表现为：

（1）丧失兴趣，无愉快感。

（2）精力减退，精神不振、疲乏无力。

（3）言行减少、好独处，不愿与人交往。

（4）自我评价下降，自责自罪，有内疚感。

（5）反复出现想死的念头或有自杀倾向。

（6）对前途悲观失望，有厌世心理。

（7）自觉病情严重，有疑病倾向。

（8）睡眠欠佳，失眠早醒。

（9）食欲不振或体重明显减轻。

10. 怎样预防老年焦虑及抑郁症?

（1）发挥余热：积极适应退休后的老年生活，根据自己的实际情况寻找适合自己的岗位，发挥正能量，让生活丰富多彩。例如，积极参加各种社会公益活动，为社会做出力所能及的贡献，可以很好地克服老年人常有的老朽感、颓废感和空虚感。

（2）树立良好的、积极的心态：年事已高，不可预知的死亡是一些老年人焦虑的原因。要充分认识到，人的生老病死是不可抗拒的自然法则，应顺应自然，从容地面对死亡，并乐观、积极地让活着的每一天都过得充实和有意义。另外，有些老人喜欢追悔过去。老年人对自己的一生所走的道路要有满足感，不必埋怨当初不该这样、应该那样，保持心理的稳定，凡事想开些，让自己适应客观现实，而不是企图让外界适应自己。

（3）加强人际交往：这样可以缩短与他人的距离，尤其要与同龄人多交流、多沟通，有助于让自己适应老年人的群体生活，避免自我孤立。

（4）培养兴趣爱好：如绘画、编织等，既不耗费过多体力，又能陶冶情操，对身体健康和心理健康都很有益处。

（5）学会放松：自我放松可以调节焦虑不安的心理，如做几个深呼吸、听一些自己喜爱的音乐、在大自然中散步等；也可以闭目静坐，给自己下达指令，从头部一直放松到颈部、四肢、脚趾，慢慢地减轻焦虑程度。锻炼也是很好的方法，无论在什么情况下，适度的锻炼对人体均有益无害。如果每天都能在早晨或下午坚持 1 小时左右的适度锻炼，如慢跑、太极拳、瑜伽等，烦闷和不满会得到很好的缓解和控制。

（6）及时就医：察觉身体或心里不舒服时，可以让亲属或朋友陪同去医院就诊，或找专业人士咨询。

11. 日本老年人的长寿秘诀是什么？

（1）忘记死亡可摆脱恐惧死亡的困扰。
（2）忘记钱财可从钱财的桎梏中解放出来。
（3）忘记子孙可卸去为子孙操劳的精神负担。